ビジュアルでわ

統計学の**キホン**

高部 勲 著

はじめに

　近年、急速なデジタル化やコンピューターの性能の向上、様々なデータが手軽に利用できる環境の整備などを背景として、データを扱う学問である統計学に対する関心が高まっています。

　最近では、統計学よりも広い概念を表す言葉として「データサイエンス」という用語も用いられるようになってきています。また、膨大なデータも用いい、様々な予測や判断を行うアルゴリズムに焦点を当てた「機械学習」や、これを応用したより発展した手法や技術を用いる「人工知能（AI）」の分野にも関心が集まってきました。

　本書は、統計学について関心を持つ方を対象として、統計学の代表的な概念や手法に関する、あるいは統計学と重なる部分のある分野・手法の見取り図を示すことを目的としています。本書は、統計学やデータを扱う関連分野に関心はあるものの、全く予備知識のない方々を対象としています。そのために、本来は数学や数式を用いて説明した方がすっきりとわかりやすく説明できる部分に関しても、可能な限り数式を使わずに、その概念・イメージをイラストや図表で示すようにしました。

　統計学を学び始める方にとって、本書が最初の指針となれば、誠に幸いです。

高部 勲

この本での学習の進め方

本書は8つのChapterに分かれており、各Chapterでは以下のような内容を扱っています。

統計学の基本
Chapter. 1
統計学と機械学習、データサイエンスなどの関係、
統計学全般を学んでいく際に必要となる基本的な概念など

記述統計学
Chapter. 2
データを要約し、その特徴をまとめるために必要となる
各種の指標とデータの可視化・図示の方法

データの発生：確率と分布
Chapter. 3
統計学の基となる確率や条件付確率の概念、
データの分布の概念と主な確率分布

推測統計学とベイズ統計学
Chapter. 4
データを活用した推測、判断、予測に関する様々な手法、
母集団と標本の概念、統計学で必要となる理論や手法、ベイズの定理とその応用

統計的仮説検定
Chapter. 5
あらかじめ設定した仮説を
データから検証するための統計的仮説検定に関する基礎

機械学習とモデリング：教師あり学習
Chapter. 6
機械学習の手法のうち、正解のラベルの付いたデータを基にした
教師あり学習に関するもの（統計学と重なる分部を含む）

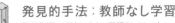

発見的手法：教師なし学習
Chapter. 7
機械学習の手法のうち、正解ラベルのないデータを基にした
教師なし学習に関するもの（統計学と重なる分部を含む）

ディープラーニング
Chapter. 8
機械学習の中で、より複雑で様々な分野に用いられている
ディープラーニングの概要と人工知能への応用、データの持つバイアスと留意点など

各Chapterの終わりには、Chapterの内容と関連のあるテーマを扱ったコラムを配置しています。

本書は、これから統計学を始めデータを扱う学問を学びたいと考えている方々を対象としており、したがって、厳密な定義や公式の導出などを見送ったり、また結果のみを示したり、実際のデータを用いた解析の事例を省略したりている個所が多くあります。こうした個所について、今後より進んだ学習を行いたい方のために、巻末の「おわりに」では、より発展的な内容を含むテキストを紹介していますので参考にしてください。

Contents

Contents

Chapter 1

統計学の基本

Section. 1　統計学の役割

統計学とは何かということについては様々な立場からの多くの議論があり、
万人が納得する定義の仕方は難しいものがあります。
簡単にいうと、観測されたデータについて、それをどのように分析し、
そこからどのような判断を下したらよいかを考える学問であるといえます。

データの要約、分類・判別、検定、予測

　一口に統計学といっても、そこに含まれる考え方や手法、モデルなどは多様であり、様々な切り口から分類することができますが、その一例として、「記述統計学」と「推測統計学」の２種類に大きく分けることができます。

■ 記述統計学

　記述統計学とは、観測されたデータの情報を要約して、わかりやすくまとめて表現することです。記述統計学は、観測されたデータを効率よくまとめ、その特徴を整理し、把握するための方法に関する学問です。

■ 推測統計学

　推測統計学は、
・観測されたデータから考えている対象全体（母集団）の情報を推測する
・何らかの判断を行う（分類・判別、検定）
・未知の現象を予測する
…ための方法に関する学問です。推測統計学は、観測データから全体の特徴を推測する学問です。

元のデータ

- 観測の対象となる集団の各要素（個体）に関する観測値
- 文字・数字・記号などで表される
- そのままでは集団の特徴を捉えにくい

```
月度,勘定科目コード,勘定科目,補助科目名,金額,概要
2023年4月,01209,3-09,"通信費(原),電話代","¥6,000",03-2003-0000
2023年4月,01204,3-03,"賞与(原),","¥310,227",04月賞与配賦
2023年4月,01201,3-01,"給与(原),基本給","¥316,000",04月給与計上
2023年4月,01201,3-02,"時間外等(原),時間外","¥267,352",04月給与計上
2023年4月,01201,3-04,"通勤手当(原),","¥64,146",04月給与計上
2023年4月,01110,2-02,"労務費(原),その他","¥262,000",04月給与未払計上
2023年4月,02014,4-14,"事務用品費,ソフト保守ライセンス","¥77,000",会計保守年間保守
2023年4月,02014,4-14,"事務用品費,システム導入利用料","¥15,000",経費精算クラウド利用料
2023年4月,01214,3-14,"雑費(原),手土産","¥2,200",虎ノ門お菓子
2023年4月,02105,3-05,"福利厚生費(原),健康診断費","¥5,000",健康診断料
```

記述統計

- 観測されたデータを要約（平均値などの代表値）
- 度数分布やヒストグラム、集計表などの図表にまとめる

推測統計

- 観測されたデータを基に、対象全体（母集団）について推測
- 分類・判別、検定、予測などを行う

記述統計

原数値	実　数 （万人、%）	対前年同月増減（万人、ポイント）			
		6 月	5 月	4 月	3 月
15 歳以上人口	11028	2	-10	-23	-42
労働力人口	6964	19	11	15	28
就業者	6785	26	15	14	15
男	3719	2	-7	-9	-21
女	3065	24	22	23	35

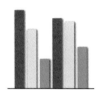

観測されたデータを要約して
わかりやすくまとめる

推測統計

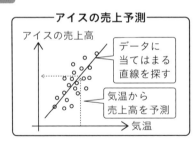

アイスの売上予測

アイスの売上高

データに
当てはまる
直線を探す

気温から
売上高を予測

気温

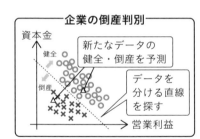

企業の倒産判別

資本金

健全

倒産

新たなデータの
健全・倒産を予測

データを
分ける直線
を探す

営業利益

棄却　　採択

- 観測されたデータから考えている対象全体（母集団）
  の情報を推測する
- 何らかの判断を行う（分類・判別、検定）
- 未知の現象を予測する

人工知能（AI）の手法も

また近年では、膨大なデータを駆使して、従来の統計学では人手で設定・調整を行っていた、データの特徴を表現する特徴量の抽出を自動で行い、モデルを学習していく「機械学習」や、それを基にしたより複雑な「人工知能（AI：Artificial Intelligence）」の手法も活発に研究が進められています。

■ 適切な手法で情報を読み取る

こうしたデータの数学的・統計学的な処理に関する学問だけではなく、さらにデータのハンドリング（データの記述、表現、保存など）の方法や、データの固有の分野に関する知識なども含めたより広い概念である「データサイエンス（data science）」という用語も広まりつつあります。

どのような考え方や手法を学ぶにしても、観測されている、利用したいデータの特性に合わせて、様々な手法の中から、分析の目的に沿った適切な手法を選んでデータを分析し、そこから価値のある情報を読み取ることが重要です。

◗ キーワード　人工知能

人工知能（Artificial Intelligence）とは、機械学習やディープラーニングなどの技術を用いて、人間が行うような問題解決や意思決定といった能力をコンピューターに行わせる技術を指します。

Section. 2 そもそも"統計"とは？

「統計」という言葉は、既に多くの分野で使われています。
統計学やデータサイエンスの様々な知識や用語について、これから正しく、誤解のないように
学んでいく際のスタート地点として、まずは「統計」という言葉の意味について、
関連する内容も含め、その意味や定義をはっきりさせておくことは重要です。

「データ」、「統計」、「情報」の違い

　統計とは、一定の条件（時間・空間・対象）で定められた集団について調べた（集めた）結果を、集計・加工して得られた数値（をまとめたもの）として定義されます。

　例えば「国民」についての統計を作成することを考えた場合、「国民」と聞いて思い浮かべる範囲が人によって異なる可能性があります。例えば「日本国籍を持ち、3か月以上常住している者」というように、調べたい集団を一定の条件の下に限定することにより、調査の対象を明確にすることができます。このように、明確にした対象について調べた結果を集計・加工し、まとめたものが「統計」です。

　「統計」とよく似た言葉に、「データ」と「情報」があります。「データ」とは、「統計」を作成する前の元となる"個人"、"世帯"、"企業"などの単位で、文字や数値で表された結果のことを指します。元の「データ」には個体のレベルでの多くの有用な内容が含まれていますが、そのままでは全体像を把握しにくいため、「データ」を集計・加工して「統計」としてまとめることにより、調べたい集団の様子を的確に把握できるようになります。

データ

```
月度,勘定科目コード,勘定科目,補助科目名,金額,概要
2023年4月,01209,3-09,"通信費(原),電話代","¥6,000",03-2003-0000
2023年4月,01204,3-03,"賞与(原),","¥310,227",04月賞与配賦
2023年4月,01201,3-01,"給与(原),基本給","¥316,000",04月給与計上
2023年4月,01201,3-02,"時間外等(原),時間外","¥267,352",04月給与計上
2023年4月,01201,3-04,"通勤手当(原),","¥64,146",04月給与計上
2023年4月,01110,2-02,"労務費(原),その他","¥262,000",04月給与未払計上
2023年4月,02014,4-14,"事務用費,ソフト保守ライセンス","¥77,000",会計保守年間保守
2023年4月,02014,4-14,"事務用品費,システム導入利用料","¥15,000",経費精算クラウド利用料
2023年4月,01214,3-14,"雑費(原),手土産","¥2,200",虎ノ門お菓子
2023年4月,02105,3-05,"福利厚生費(原),健康診断費","¥5,000",健康診断料
```

厳密に分かれて
いるわけではない。
「統計データ」と
いう使い方をする
場合もある

統　計

原数値	実　数 （万人、%）	対前年同月増減（万人、ポイント）			
		6 月	5 月	4 月	3 月
15 歳以上人口	11028	2	-10	-23	-42
労働力人口	6964	19	11	15	28
就業者	6785	26	15	14	15
男	3719	2	-7	-9	-21
女	3065	24	22	23	35

情　報

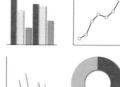

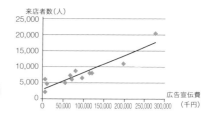

■ 「統計」は「まとめた結果」にすぎない

　ただし「統計」は、対象の全体像がわかるようにまとめた結果にすぎず、そこからその後の行動（マーケティング、政策立案など）につなげるためには、例えば「統計」の内容をグラフや散布図、計量分析の結果などによって加工し、価値のある<u>インサイト・インプリケーション</u>を取り出す必要があります。こうして抽出された有用な結果が「情報」になります。

　なお、文献や資料によっては、「統計」と「データ」を区別せずに、「統計データ」とまとめて呼んでいる場合もあります。

🌓 **キーワード**　　<u>インサイト・インプリケーション</u>

「insight」と「implication」を合わせた言葉で、ある事柄が別の事柄を暗に含んでいること、またはその関係を指します。一般的には、ある状況から他の状況が論理的に導かれることを意味します。

Section.3 統計で使うデータの種類

統計学で扱うデータには、数量や金額、数字の大小、血液型や順位など
様々な種類のものがあります。こうしたデータは、種類や大きさ、重さ、
長さ、時間など様々な観点から分類することができます。
ここでは、データの種類と測定の尺度を理解します。

質的データ・量的データ

　統計学では、様々なタイプのデータを用いて分析が行われますが、データの種類に応じて分析方法なども異なるので、データの特徴を把握し、整理しておくことが重要です。

　統計学では、扱うデータが、

　　⑴何らかの種類や分類（カテゴリ）を表しているか
　　⑵大きさや重さ、長さ、時間などの数量を表しているか

によって、データを分類します。
　⑴のような種類や分類（<u>カテゴリ</u>）を表すデータを「**質的データ（qualitative data）**」といい、
⑵のような数量を表すデータのことを「**量的データ（quantitative data）**」といいます。

🌙 **キーワード** ▶　<u>カテゴリ</u>

カテゴリ（category）は、物事の性質を区分する上で、それ以上分けることのできない最も根本的な分類のことで、属性や数量、状態などのことを指します。カテゴリーともいいます。

データの種類と測定の尺度

質的データ
（qualitative data）

名義尺度（nominal scale）
- ある個体が他とは**同一か**、**異なっているか**という判断のみの基準
- 性別（男女）、支持政党（●●党、□□党、…）など

順序尺度（ordinal scale）
- ある個体が他よりも**大きい**、**多い**、**良い**などといえる判断の基準
- 住居の建築時期、学校の成績5段階評価、非常に良い・良い・普通・悪い・非常に悪い…など

量的データ
（quantitative data）

間隔尺度（interval scale）
- ある個体が他よりも**●●単位**だけ多い（少ない）といえる判断の基準
- 摂氏（華氏）などの温度、時刻　など

比例尺度（ratio scale）
- ある個体が他よりも**●●倍**だけ多い（少ない）といえる判断の基準
- **身長、体重、金額**　など　（⇒「0」に意味がある）

尺度（名義、順序、間隔、比例）

質的データはさらに、測定の際の尺度によって「名義尺度（nominal scale）」で測定されたデータと「名義尺度（nominal scale）」で測定されたデータに分けることができます。**名義尺度は、分類（カテゴリ）間に順序関係がなく、ある個体が他とは同一か、異なっているかということを分類の基準とするものであり**、例えば、性別や、支持政党などが含まれます。名義尺度は、ある個体が他よりも大きい、多い、良いなどを分類の基準としており、例えば住居の建築時期、学校の成績5段階評価などが含まれます。

量的データも同様に、測定の際の尺度によって「間隔尺度（interval scale）」で測定されたデータと「比例尺度（ratio scale）」で測定されたデータに分けることができます。

間隔尺度は、ある個体が他よりもある単位だけ多い（少ない）というように、それらの差に意味があるものであり、摂氏・華氏などの温度や時刻などが含まれます。

比例尺度は、ある個体が他よりも○倍だけ多い（少ない）というように、ゼロを基準として、数値の比率にも意味があるものであり、身長、体重、金額などが含まれます。

■ 分析に適したグラフや図表を利用する

分析の際に利用するグラフや図表は、例えば棒グラフ、度数分布表、ヒストグラム、箱ひげ図など、データの種類によって異なります。

また、計量分析に利用するモデルも重回帰モデル、ロジスティック回帰モデルなどのように異なってきます。

Section. 4 母集団と標本

統計学では一般に、ある特徴を持つ集団に着目し、そのデータを対象として、
様々な分析を行います。しかし、集団全体を調べるには困難な場合が多いため、
一部のデータを抜き出して、そこから全体を推測を行う方法がとられます。
ここでは、集団全体から標本を抽出する際に注意すべきことを解説します。

全体を推測できるデータの抜き出し

着目する集団全体をつぶさに調べることができれば、その集団に関する詳細な分析を実施することができますが、集団全体を調べることは、時間や労力、費用などのコストの観点から、実施が困難か、不可能な場合が多いです。

そこで一般に、集団全体ではなく、その一部についてデータの取得が行われます。例えば、生産した製品の一部を抜き出して検査を実施する、調査対象に調査票を配布して回答を得るといった方法で行われます。このように、特徴や傾向を知りたい集団全体のことを「母集団（population）」といい、データ取得のために抜き出した母集団の一部のことを「標本（sample）」といいます。

■ 一部から全体を推測する

母集団から標本を抜き出す行為のことを「標本抽出」といい、スープや味噌汁の味見に例えられます。スープを作る際に、全体の味付け（塩分濃度）が適当かどうかを調べたい場合、その全部を飲んでみれば正確な状況がわかりますが、普通はその一部（標本）をすくって、その味を見ることで、全体（母集団）の味付けを推測する、ということが行われます。このとき、味見が適切であるためには、スープや味噌汁がよく混ざっていて、その濃度がどこをすくってもほぼ一定である必要があります。つまり、味見の際にすくった一部が、全体を代表する縮図になっているかが重要になってきます。

母集団から標本抽出を行う際に、全体を代表する縮図になっていない場合は、分析に支障を来すことになります。例えば、母集団の内訳がいくつかのグループを構成していて、標本がその中の特定のグループに偏っている場合、全体を代表するような縮図にはならず、そのような標本からは母集団に関する適切な推測を行うことができません。このような場合には、母集団をあらかじめグループ（層）に分け、それらのグループから満遍なく抽出する（層化抽出）などの最適な標本設計を行うことで、適切な標本を得ることが可能となります。

【例】スープの味見

スープの味（全体の塩分濃度）をみる

一部（**標本**）を
すくって（**抽出して**）
味見をする（**推定**）

一部から、**全体の塩分濃度を推定**する
（ただしスープがよく混ざっている必要がある）

すくう部分によって濃度が微妙に異なる
（<u>標本誤差</u>）

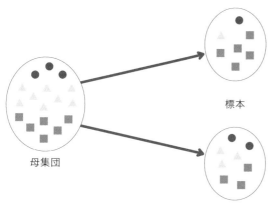

✕ 特定のグループに
偏っている

標本

母集団

○ どのグループからも満遍な
く抽出されている

🌙 **キーワード**　<u>標本誤差</u>

母集団から一部のデータを抜き出して行う標本抽出の際に、母集団値を推定する際に生じる、標本値と母集団値との差のことです。サンプリング誤差ともいいます。

Section. 5 時系列データと横断面データ

経済社会に関するデータについては、Section.3でデータの種類として
質的・量的データを見てきましたが、その他にも流れる量や時間の経過、
時点と地点でのデータなど様々な切り口で分けることができます。
ここでは、その中でも重要な分類である「時系列統計」と「横断面統計」の
違いや特色について説明します。

時系列統計

「時系列統計」（time series statistics）とは、同一種類の数量を、時間的に追跡する統計であり、経済の足元（目先）の動きを把握するために用いられます。

時系列統計は、一般的に、小規模な統計調査から短期間で作成されるものであり、速報性に優れている（１〜２か月後公開）という長所があります。

一方で、地域別の結果を表章できるほど十分な標本が確保できないということもあり、集計結果は月次・全国のものが中心になります。

時系列統計（time series statistics）

- **同一種類**の数量を、**時間的**に追跡する統計
- 経済の足元（目先）の動きを把握
- **速報性**に優れている（１〜２か月後公開）
- **小規模**な統計調査から作成

	年平均			月次（季節調整値）			
	2020年	2021年	2022年	2023年2月	3月	4月	5月
完全失業率	2.8%	2.8%	2.6%	2.6%	2.8%	2.6%	**2.6%**

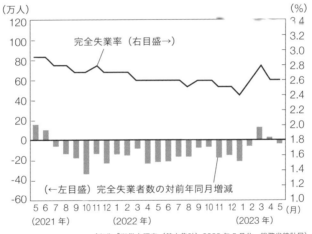

完全失業者数の対前年同月増減と完全失業率（季節調整値）の推移

（出典「労働力調査（基本集計）2023年5月分」総務省統計局）

☑ 月次・全国の結果が中心⇒地域別などの詳細な結果を分析するのは難しい

☑ 年平均であれば、一部、地域別・項目別の結果もある

横断面統計

「横断面統計」（cross sectional statistics）とは、一時点の事実を、細部まで明らかにする統計であり、大規模な統計調査から時間をかけて作成されるものです。

横断面統計は、地域別・年齢別などの様々な視点・切り口で、詳細な内容を見ることができるというメリットがあります。地域・産業などの構造を詳細に調べることも可能なことから、構造統計とも呼ばれています。

詳細な構造が把握できる一方で、調査の実施から集計、公表までに時間がかかります。

また、一時点のデータが更新されないように、保存しておく必要があります（スナップショット）。

横断面統計（cross sectional statistics）

- **一時点**の事実を、**細部まで**明らかにする統計
- **大規模**な統計調査から作成
- **構造統計**とも呼ばれる
- スナップショット（snapshot）

♪ キーワード　スナップショット

データ分析においては、元となるデータやデータベースを抜き出して、別データとして保存するデータをスナップショット（バックアップ）といいます。2つの時点でのスナップショットを比較して、データの変化量を分析することができます。

有業者数及び有業率（2017 年、2022 年）－全国、都道府県

（万人、％、ポイント）

都道府県	有業者数 2022年	2017年	増減率	順位	有業率 2022年	2017年	ポイント差	都道府県	有業者数 2022年	2017年	増減率	順位	有業率 2022年	2017年	ポイント差
全国	6706.0	6621.3	1.3	－	60.9	59.7	1.2	三重県	92.4	94.1	-1.9	20	60.2	59.9	0.3
北海道	263.0	261.3	0.7	39	57.2	55.4	1.8	滋賀県	76.7	74.4	3.1	3	62.8	61.4	1.4
青森県	61.1	64.9	-5.8	44	56.7	57.2	-0.5	京都府	136.1	134.0	1.6	20	60.2	58.6	1.6
岩手県	62.3	65.5	-4.8	30	59.1	59.0	0.1	大阪府	465.1	447.1	4.0	22	59.9	57.7	2.2
宮城県	120.2	120.7	-0.4	26	59.5	59.2	0.3	兵庫県	275.2	272.2	1.1	36	57.9	56.6	1.3
秋田県	47.4	50.0	-5.0	46	56.3	55.9	0.4	奈良県	63.7	64.1	-0.7	47	55.1	54.2	0.9
山形県	55.2	58.0	-4.7	24	59.6	59.7	-0.1	和歌山県	46.0	46.5	-1.0	37	57.4	55.9	1.5
福島県	94.3	97.1	-2.9	27	59.2	58.5	0.8	鳥取県	28.4	29.0	-1.8	23	59.7	58.8	0.9
茨城県	152.1	151.5	0.4	17	60.5	59.7	0.8	島根県	34.2	34.9	-2.0	27	59.2	58.3	0.9
栃木県	103.0	103.4	-0.3	13	61.0	60.5	0.5	岡山県	96.7	96.6	0.1	27	59.2	58.1	1.1
群馬県	103.8	102.9	0.9	10	61.3	59.9	1.4	広島県	145.3	145.9	-0.4	19	60.3	59.4	0.9
埼玉県	397.5	390.7	1.7	10	61.3	61.0	0.3	山口県	66.1	67.9	-2.6	43	56.8	55.8	1.0
千葉県	336.8	327.4	2.9	14	60.8	59.7	1.1	徳島県	35.4	36.2	-2.0	45	56.5	54.9	1.6
東京都	829.7	788.7	5.2	1	66.6	64.8	1.8	香川県	47.8	49.1	-2.7	35	58.2	58.1	0.1
神奈川県	511.5	490.1	4.4	5	62.6	61.0	1.6	愛媛県	66.0	67.9	-2.8	42	57.0	56.7	0.3
新潟県	112.6	116.5	-3.4	32	58.8	58.3	0.5	高知県	34.5	35.9	-3.9	39	57.2	56.8	0.4
富山県	54.8	55.4	-1.0	16	60.6	59.5	1.1	福岡県	265.3	255.8	3.7	24	59.6	57.8	1.8
石川県	60.3	61.0	-1.2	10	61.3	61.0	0.3	佐賀県	41.9	42.3	-0.9	18	60.4	59.6	0.8
福井県	42.0	42.2	-0.6	2	63.5	62.4	1.1	長崎県	63.9	67.2	-4.8	39	57.2	57.1	0.1
山梨県	44.1	44.2	-0.2	6	62.0	61.0	1.0	熊本県	88.0	88.1	-0.1	31	59.0	57.7	1.3
長野県	110.5	111.2	-0.6	8	61.9	61.3	0.7	大分県	55.8	57.3	-2.7	38	57.3	56.9	0.4
岐阜県	105.8	105.9	-0.1	8	61.9	60.6	1.3	宮崎県	53.7	54.9	-2.2	33	58.7	58.3	0.4
静岡県	195.5	194.5	0.5	8	61.9	60.7	1.2	鹿児島県	79.5	80.0	-0.6	34	58.5	56.9	1.6
愛知県	410.6	406.9	0.9	3	62.8	62.5	0.3	沖縄県	74.4	70.4	5.8	14	60.8	59.0	1.8

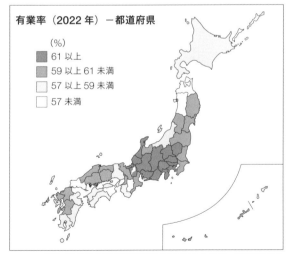

有業率（2022 年）－都道府県

（％）
- 61 以上
- 59 以上 61 未満
- 57 以上 59 未満
- 57 未満

（出典「令和 4 年就業構造基本調査 令和 5 年 7 月 21 日」総務省統計局）

☑ 地域別・項目別に詳細な内容
☑ 様々な視点・切り口で分析可能
☑ レポート向き

データ分析に役立つウェブサイト「e-Stat」の概要

国や地方自治体などの行政機関が作成する統計を「公的統計」といいます（国が作成する統計は「政府統計」と呼ばれることもあります）。公的統計は、一定の基準の下で、多くのリソースを費やして実施される各種の統計調査などを基に作成されるものであり、一般に、偏りが少なく、詳細な情報がオープンな形で提供されています。

このような公的統計をワンストップで提供するポータルサイト（窓口）として、政府統計の総合窓口「e-Stat（イースタット）」が、総務省統計局により整備・提供されています。

e-Statは、各府省が公表する統計データを1つにまとめて提供するだけでなく、統計データの検索や地図上への表示などの機能を備えています。例えば、主要な統計データを様々な観点（キーワード、分野、作成組織）から検索・ダウンロードしたり、主要な統計に関する時系列データを簡易に表示したり、地図上に統計データを表示したり、地域ごとにランキングを表示したりすることができます。

このほか、e-Statには日本標準産業分類などの統計基準や、統計を作成する基となる統計調査の詳細な情報（調査計画）などに関するものも含まれており、公的統計を活用した分析を行う際に大いに参考になるウェブサイトとなっています。

政府統計の総合窓口「e-Stat」の概要

政府統計（公的統計）のデータを検索する
● 「キーワード」（調査名・調査内容の一部など）
● 「分野」（人口・労働・農業・工業など）
● 「組織」（内閣府・総務省・農林水産省など）

政府統計（公的統計）を様々な形式で確認する
● 時系列で表示（統計ダッシュボード）
● 地図上に表示（地図で見る統計〈jSTAT MAP〉）
● 地域ごとに集計・ランキング表示

統計博物館の紹介

　公的統計に関する歴史的資料などを展示していた旧統計資料館が、令和5年（2023年）4月に「統計博物館」としてリニューアルオープンしています。公的統計に関する次のような様々な史料・資料を自由に観覧することができます。

・明治期の偉人と統計の関わり
・統計史料にみる統計の歩み
・機器にみる統計の歩み
・日本の近代化を陰で支えた偉人たち

統計局／統計博物館

総務省統計局ホームページ／統計博物館　　https://www.stat.go.jp/museum/

例えば、明治期の偉人（大隈重信、福澤諭吉、森鴎外など）の公的統計との関わりについて紹介されていたり、令和2年（2020年）で100年を迎えた国勢調査の第1回実施時の様々な資料が展示されていたりします。また、統計の分野では、気象と並んで、かなり古くからコンピューターを取り入れていますが、それらの機械（「情報処理技術遺産」に認定されたものを含む）なども展示されています。

公的統計自体は、数字や文字から構成される情報になりますが、公的統計が作成され、提供されるに至るまでの、現在までの歩みや背景などを知ることにより、無機質な情報としてではなく、より親しみを持った形で接することができ、より理解も深まるものと考えられます。

統計博物館館内

総務省統計局ホームページ／統計博物館「統計博物館館内のご案内」より
https://www.stat.go.jp/museum/shiryo/guide.html

Chapter. 2

記述統計学

データの中心を
つかむための代表値

統計学において、データの特性に合った分析手法を選択し、適切な分析を行うためには、
まずはデータの特徴を大まかに把握する必要があります。
データの特徴をつかむための指標として、代表値、平均値、中央値、最頻値を理解しましょう。

平均値、中央値、最頻値（モード）

　データの特徴をつかむための指標には様々なものがありますが、特に、データの中心を1つの値で表したものを、そのデータの「代表値」といいます。

　代表値の中でも重要なものとして、「平均値」、「中央値（メディアン）」、「最頻値（モード）」の3つがあります。ここで、以下のような15個の数値からなるデータを考えます。ここでは、サイコロを15回投げて出た目の記録を例にします。

> 1、1、2、3、3、4、4、4、
> 5、5、5、5、5、6、6

　「平均値」は、データの和を、データに属する個体の数で割ったものとして定義されます。例における平均値は、上記の数値を全て足した結果「59」を回数の「15」で割ったものであり、「3.93」となります。

　「中央値（メディアン）」は、データを小さい方から順番に並べた場合に、真ん中に位置する値です。このデータにおける平均値は、ちょうど真ん中に当たる8番目に位置する「4」になります。

　「最頻値（モード）」は、データの中で、最も度数（頻度）が多くなる値です。このデータでは、最も多く出てくる数値は「5」の5回なので、このデータにおける最頻値は「5」ということになります。

● キーワード 　指標

指標とは、物事を判断したり評価するための目安となるものです。計測された客観的なデータによって示され、状況の変化を見出したり、変化の程度を見定めたりするために用いられます。

データの代表値：平均値

- データの和を、データに属する要素の数で
  割ったもの

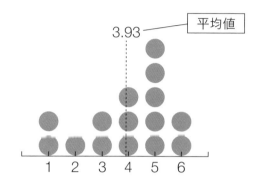

データの代表値：中央値

- 変量の値を大きさの順に並べたとき、ちょ
  うど真ん中（中央）に位置する値
  （上から数えても下から数えても同じ位置
  にあるもの）
  ※データの要素が偶数の場合は、中央の2
  つの値の平均値

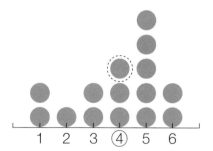

データの代表値：最頻値

● 最頻値とは、最も度数が多いデータの値

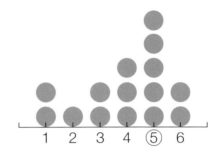

中央値と平均値

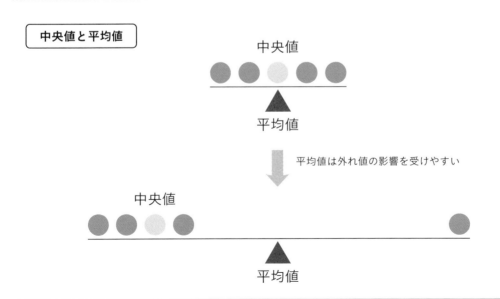

平均値は外れ値の影響を受けやすい

■ 外れ値の影響を確認する

平均値は、<u>外れ値</u>（極端に大きい値／小さい値）の影響を受けやすいという特徴があります。例えば、極端に大きな値が1つでも含まれていた場合、それに引きずられて、平均値も大きな値になる傾向があります。これに対して、中央値は順番のみに、最頻値は値の出現する回数のみに着目することから、外れ値の影響を受けにくいという特徴があります。

ただし、順番や回数以外の数値の情報を捨ててしまうことにもなるので、データの特性を把握するためには、複数の代表値を確認することが重要です。

■ データの分布も確認する

データの分布（各要素の出現頻度）の状況によって、平均値、中央値、最頻値には違いが生じる場合があります。

例えば、左右対称な分布の場合には、3つの代表値は同じ値となります。しかし、極端に大きな値の要素がいくつか含まれているような分布の状況では、平均値は外れ値の影響を受けて最も大きくなり、最頻値が最も小さくなり、中央値はそれらの間の値になります。

こうしたことから、代表値だけではなく、可能であれば分布の状態も併せて見ていく必要があります。

🌑 **キーワード**　　<u>外れ値</u>

統計学での外れ値（はずれち）とは、他のデータと比較した場合に極端に大きかったり、小さかったりする値のことです。外れ値は分析結果に影響を与えるため、分析に外れ値を反映するか除外するかは検定によって判断します。

Section. 2　度数分布とヒストグラム

量的なデータ分析には度数分布表とヒストグラムを利用します。
データを特定の範囲に分類して、各範囲から得たデータの値を度数分布といい、
そこから表とヒストグラムを作成します。
ここでは、分布を知るためのヒストグラムの見方を解説します。

度数分布表の階級と度数

　量的変数に関するデータを分析する際には、データの各要素の値を適当な区間（○○以上○○未満）で区切り、各区間に属する要素の数をカウントした「度数分布表（frequency table）」を作成すると、データの分布の傾向がわかります。度数分布表におけるこのような区間のことを「階級（class）」といい、各階級に属する要素の個数を「度数（frequency）」といいます。

■ **ヒストグラムから見えてくるもの**

　度数分布表において、各階級ごとの度数を棒グラフで表した図を「ヒストグラム（histogram）」といいます。ヒストグラムを見ることにより、データが左右対称であるか、あるいは右（左）に歪んでいるか、ということがわかります。また、データの代表値（平均、中央値、最頻値）を見ることにより、さらに詳細なデータの特徴が把握できます。

🍩 **キーワード**　　量的変数

量的変数は数値や量で測ることができる変数のことで、重さや長さ、金額、面積などがあります。これに対して、数値で測ることができない性別や日付など種類を区別する変数を質的変数といいます。

なお、ヒストグラムの右側の裾野が重い（広がっている）場合を「右に歪んだ分布」といい、逆に左側の裾野が重い（広がっている）場合を「左に歪んだ分布」といいます（39ページの図参照）。

　次ページに例示した図表は、総務省統計局「平成30年住宅・土地統計調査」における都道府県別1住宅当たり延べ面積(㎡)（専用住宅）について、10㎡ごとの階級により度数分布表（各階級に属する都道府県の数が度数）を作り、そこからヒストグラムを作成したものです。ヒストグラムを見ると、1住宅当たりの延べ面積は、概ね、左右対称になっていることがわかります。

ヒストグラムの作成

データから度数分布表へ

平成30年住宅・土地統計調査
1住宅当たり延べ面積（㎡）（専用住宅）

都道府県	1住宅当たり延べ面積(㎡)	都道府県	1住宅当たり延べ面積(㎡)	都道府県	1住宅当たり延べ面積(㎡)
北海道	90.16	石川県	124.68	岡山県	104.92
青森県	119.95	福井県	136.89	広島県	92.64
岩手県	118.87	山梨県	110.34	山口県	101.47
宮城県	96.48	長野県	119.99	徳島県	109.31
秋田県	130.41	岐阜県	120.39	香川県	107.48
山形県	133.57	静岡県	102.02	愛媛県	98.67
福島県	111.42	愛知県	94.04	高知県	93.98
茨城県	106.97	三重県	109.65	福岡県	83.89
栃木県	105.59	滋賀県	114.63	佐賀県	111.22
群馬県	106.09	京都府	85.74	長崎県	96.07
埼玉県	86.52	大阪府	76.20	熊本県	98.69
千葉県	89.21	兵庫県	92.68	大分県	97.08
東京都	65.18	奈良県	110.04	宮崎県	93.84
神奈川県	77.80	和歌山県	104.24	鹿児島県	87.93
新潟県	127.25	鳥取県	120.12	沖縄県	75.31
富山県	143.57	島根県	121.96		

度数分布表からヒストグラムへ

1住宅当たり 延べ面積 (㎡)	度数
60㎡以上 70㎡未満	1
70㎡以上 80㎡未満	3
80㎡以上 90㎡未満	5
90㎡以上 100㎡未満	11
100㎡以上 110㎡未満	10
110㎡以上 120㎡未満	8
120㎡以上 130㎡未満	5
130㎡以上 140㎡未満	3
140㎡以上	1
総計	47

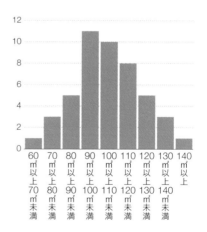

ヒストグラムの形状

左に歪んだ分布

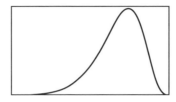

左右対称

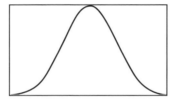

右に歪んだ分布

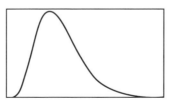

ヒストグラムは、
横軸が「階級」、
縦軸が「度数」で表します。

Section. 3

データの散らばりをつかむための指標①
分散、標準偏差

データの中心を表す代表値（平均、中央値、最頻値）は、データの散らばりによって
分布が異なってしまいます。データの散らばりをつかむための指標には様々なものがあります。
ここでは、代表的な指標として「分散」と「標準偏差」について解説します。

分散と標準偏差

　データの中心を表す代表値として、平均値、中央値、最頻値について学んできました。同じ平均値を持つデータであっても、中心からどの程度データが散らばっているかによって、度数分布表やヒストグラムの形状は大きく異なってきます。

　このようなデータの散らばりをつかむための指標として、データの「分散（variance）」と「標準偏差（standard deviation）」があります。

　ここでは、32ページの代表値の例で利用したサイコロを15回投げて出た目の記録を例に解説します。

> 1、1、2、3、3、4、4、4、
> 5、5、5、5、5、6、6

　データの分散を計算するには、まず、データの平均値を求める必要があります。上記の数値の和「59」を回数の「15」で割った「3.93」が平均値になります。続いて、データを構成する各要素からそれぞれ、平均値を引きます。そして、平均値を引いたものをそれぞれ二乗します。最後に、それら15個の二乗値の平均値を計算すると、それが「分散」となります。

　ところで、「分散」は、元のデータの持つ単位を二乗した単位になっており、このままでは、元のデータとの比較がしにくいという面があります。そこで、分散の平方根である「標準偏差」も、データの散らばり指標としてよく用いられます。これらの計算の過程を示したものが次ページの表です。

　分散や標準偏差は、意味をつかみにくい指標ですが、Chapter.4の「Section.4 標準正規分布と確率」で、それらの値の持つ意味や使い方について説明します。

(1)データ	(2)平均値	(3)データの各要素から平均を引いたもの (=(1)-(2))	(4)(3)の二乗	(5)分散 (=(4)の平均)	(6)標準偏差 (=(5)の平方根)
1		-2.93	8.58		
1		-2.93	8.58		
2		-1.93	3.72		
3		-0.93	0.86		
3		-0.93	0.86		
4		0.07	0		
4		0.07	0		
4	3.93	0.07	0	2.46	1.57
5		1.07	1.14		
5		1.07	1.14		
5		1.07	1.14		
5		1.07	1.14		
5		1.07	1.14		
6		2.07	4.28		
6		2.07	4.28		

> **キーワード　データの散らばり**
>
> データの散らばりとは、データのばらつきのことです。データの散らばりをつかむための指標には、ここで解説した分散、標準偏差のほかに、次のSection.4で解説する範囲（レンジ）、四分位数などがあります。

Section. 4

データの散らばりをつかむための指標②
範囲、四分位数、四分位範囲

データの中心を表す代表値（平均、中央値、最頻値）は、データの散らばりによって
分布が異なってしまいます。ここでは、データの大まかな散らばりをつかむための指標として、
「範囲」と「四分位数」について解説します。

「範囲（最大値－最小値）」と「四分位数」

　前項までに学んだデータの度数分布やヒストグラム、代表値と分散（標準偏差）を見ることにより、様々なデータの分布の違いを比較することが可能となります。しかし、これらの図表はある程度の幅を取ってしまい、複数の度数分布やヒストグラムなどを並べて比較すると、図表全体としては見づらく、比較しにくいものになってしまう可能性があります。

　そこで、データの大まかな散らばりをつかむための指標として、「範囲（range）」と「四分位数（quartile）」があります。ここで、32ページと同様に、サイコロを15回投げて出た目の記録を例に解説します。

> １、１、2、3、3、4、4、4、
> 5、5、5、5、5、6、6

　このとき、「範囲」は、データを構成する要素の値の中で、最大値から最小値を引いたものとして定義さ

れます。ここでは、最大値「6」から最小値「１」を引いた「5」が範囲になります。

　四分位数は、次のような数値です。まず、データを小さい方から並べて下から25%のところの要素の値を第１四分位数といいます。同様に、50%のところの要素の値を第２四分位数、75%のところの要素の値を第３四分位数といいます。第２四分位数は、データのちょうど真ん中の部分の値なので、これは中央値と同一になります。第３四分位数から第１四分位数を引いたものが、「四分位範囲」になります。範囲と四分位範囲が、データの全体と主要な値の散らばりを表現しています。

　上記例では、データを構成する要素が15個あることから、１個は全体の6.7%を占めていると考えられ（100/15＝6.66…）、それらが累積して25%を超えるのは最初から4番目の要素の3なので、第１四分位は3となります。第３四分位も同様にして5と求められます。よって、四分位範囲は5－3＝2となります。

最小値 ① 、 1 、 2 、 3 、 3 、 4 、 4 、 4 、 5 、 5 、 5 、 5 、 5 、 6 、 ⑥ 最大値

範囲（range）＝最大値－最小値＝6－1＝5

第1四分位　　　第2四分位
（中央値）　　　第3四分位

1 、 1 、 2 、 ③ 、 3 、 4 、 4 、 ④ 、 5 、 5 、 5 、 ⑤ 、 5 、 6 、 6

四分位範囲＝第3四分位－第1四分位＝5－3＝2

● キーワード　範囲

範囲は、データの最小値と最大値の差のことで、レンジ（range）と表示されることもあります。

範囲、四分位、四分位範囲の考え方②

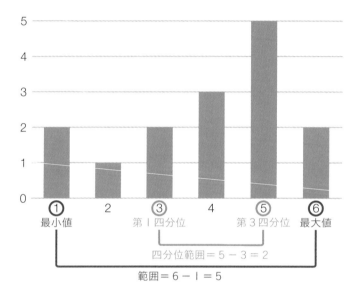

Section. 5 箱ひげ図

データの中心や散らばりは、度数分布やヒストグラムによって確認できますが、
これらの図表はある程度のスペースを取ってしまい、図表全体としては見づらく、
比較しにくいものになってしまいます。この場合は、箱ひげ図を利用すると、
複数のヒストグラムをコンパクトに表現でき、比較しやすくなります。

箱ひげ図の構成

　データの中心や散らばりは、度数分布やヒストグラムによって確認することが可能です。しかし、これらの図表はある程度のスペースを取ってしまうことから、複数の度数分布やヒストグラムなどを並べて比較すると、全体のページ数が多くなってしまい、図表全体としては見づらく、比較しにくいものになってしまう可能性があります。

　このとき、複数のヒストグラムをよりコンパクトにまとめて、比較しやすい形に図示したものが、「箱ひげ図（box plot）」です。箱ひげ図は、長方形の箱と直線のひげで構成されます。中央の箱の左端が第1四分位、右端が第3四分位を、箱の中央にある縦線は第2四分位（＝中央値）、箱から延びるひげの左端が最小値、右端が最大値を表しています。

■ 箱ひげ図のメリット

　箱ひげ図は並べて表示したときに、ヒストグラムよりも全体が把握しやすく、比較しやすいというメリットがあります。例えば、38ページで使用した都道府県別の専用住宅に関する1住宅当たり延べ面積のデータを、店舗その他の併用住宅に置き換えてヒストグラムを作成し、それらを並べて分布を比較するとします。この場合は、箱ひげ図にして並べた方が、範囲や四分位数の情報も加わって、より詳細な分布の比較を行うことができるようになります。

箱ひげ図の構成

平成30年住宅・土地統計調査
| 住宅当たり延べ面積（㎡）（専用住宅）

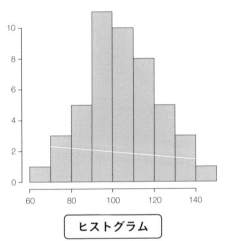

ヒストグラム

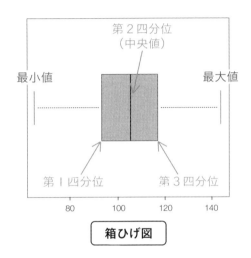

箱ひげ図

🔹 キーワード　箱ひげ図

箱ひげ図は、その名前のとおり、「箱」と「ひげ」によって構成される図形です。データの分布を確認するための手法のひとつとして活用されています。

箱ひげ図

２つのヒストグラム

平成 30 年住宅・土地統計調査
１住宅当たり延べ面積（㎡）（専用住宅）

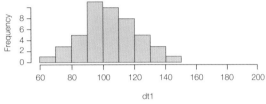

１住宅当たり延べ面積（㎡）（店舗その他の併用住宅）

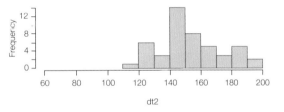

箱ひげ図を並べる

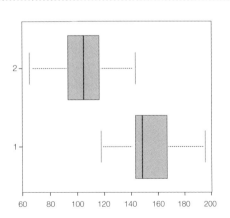

Section. 6

散布図と相関係数

これまでは1つの種類のデータだけを見てきましたが、ここでは2種類のデータ間の
関係を考えてみましょう。散布図を作成すると、数値や表ではわからなかった
2つのデータ（変数）間の傾向がわかります。また、2種類のデータ間に相関関係がある場合は、
変数の動きをある程度予測することが可能になります。

散布図

　2種類のデータについて、一方のデータの要素に対し、他方のデータのある要素が対応しているとします。このような対応関係にある要素の組（X、Y）を平面上にプロット（点）したものを「散布図（scatter plot）」といいます。散布図を見ることにより、数値や表ではわからなかった2つのデータ（変数）の間の傾向がわかるようになります。

■ 相関関係と相関係数

　2種類のデータ（変数）の間には様々な関係が考えられますが、中でも重要なのは、2種類のデータの間に「相関関係（correlation）」があるかどうかという点です。相関関係とは、一方の変数が大きくなるにつれてもう一方の変数も大きくなる、あるいは小さくなるという直線関係に近い傾向があるかということです。こうした傾向があることがわかれば、ある変数の動きから他の変数の動きをある程度予測することが可能になります。

　相関関係を測るための指標に「相関係数（correlation coefficient）」があります。相関係数は、次ページに示すような式で定義される指標であり、−1から＋1までの値をとります。相関関係が＋1（−1）に近いほど、右上がり（右下がり）の直線に近い関係が見られ、＋1（−1）の場合には、そのような直線上に全てのデータが乗っている形になります。相関係数が0の場合には、特に関係性が見られないことになります。

$$相関係数\ r_{xy} = \frac{1/n \sum_{i-1}^{n} (x_i - \overline{x})(y_i - \overline{y})}{\sqrt{1/n \sum_{i-1}^{n} (x_i - \overline{x})^2}\ \sqrt{1/n \sum_{i-1}^{n} (y_i - \overline{y})^2}}$$

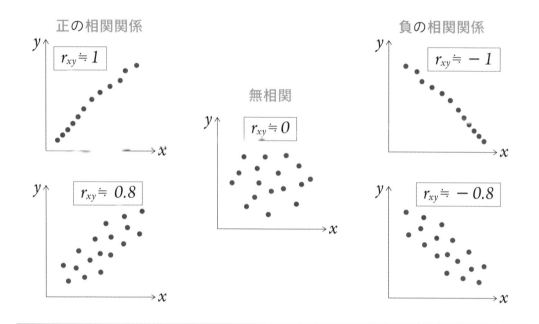

🌓 キーワード　相関関係

散布図では、図例にあるように正の相関、負の相関、無相間という関係を確認できます。正の相関は要因が大きくなればなくほど、特性も大きくなるという関係です。負の相関は要因が大きくなればなくほど、特性が小さくなるという関係です。無相間は、要因が大きくなっても特性は傾向を示さない状態です。

　例えば、横軸に都道府県別65歳以上人口割合（高齢化率）、縦軸に都道府県庁所在市別1人当たりの消費支出（教養娯楽費）をとって散布図を作成すると、概ね（左下の外れ値を除く）右下がりの直線的な傾向があることがわかります。このような場合に、直線を当てはめることにより、予測を行うことが考えられます。こうした手法として回帰分析などがあります。詳しくは、Chapter.6で解説します。

散布図の例

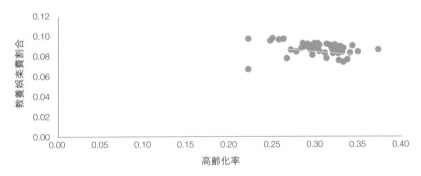

65歳以上人口割合と教養娯楽費の割合

【縦軸】：
総務省統計局「家計調査2021年結果」を加工
都道府県庁所在市別1人当たり消費支出

【横軸】：
総務省統計局「人口推計2021年結果」を加工
都道府県別65歳以上人口割合（高齢化率）

因果関係と相関関係

　「相関関係（correlation）」は、一方の変数が大きくなるにつれてもう一方の変数も大きくなる（あるいは小さくなる）という直線関係に近い傾向に関する関係のことですが、これは必ずしも、「因果関係（causality）」を示すものではありません。

　例えば、警察職員数と検挙件数に関する散布図を描くと、右上がりの傾向が見られ、この結果を単純に解釈すると、警察職員数が多い（少ない）ほど、検挙件数も多く（少なく）なるということになってしまいますが、警察官が多いほど検挙される者の数も多くなるというのは、実感に合わず、正しい結果とは考えられません。

擬似相関の例
日本の重要犯罪の検挙件数と疑似相関

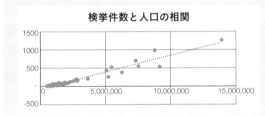

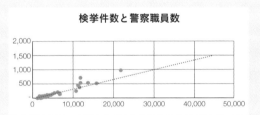

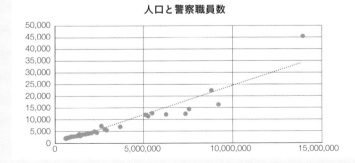

- 警察職員数も多いと、検挙件数が多くなるように見えるが、これは正しいとはいえない
- 人口と警察職員数には正の相関があるため、人口が増えると警察職員が増える
- つまり、警察職員が増えると検挙件数が増えるは、正しいとはいえないことがわかる

　実は、こうした相関の裏には、「人口」という３つ目の変数が絡んでいます。人口が増え、自治体の規模が大きくなるほど、警察職員数も増加します。また、検挙される者が一定の割合で現れるとすると、人口が多いほど検挙件数も多くなります。

　よって、人口と警察職員数、人口と検挙件数には、それぞれ正の相関があります。こうした２つの正の相関が重なって、警察職員数と検挙件数にも相関関係があるように見えるのです。こうした見かけ上の相関関係のことを「擬似相関」といいます。

　２つのデータ（変数）の結果から、それらの間の因果関係を読み解くこと、それらが擬似相関でないかを明確にすることは、一般に非常に難しい問題です。今回の事例のように、間に第３の変数が隠れていないか、発生する時間に前後関係はないか、逆向きの関係はないか（XがYの原因ではなく、YがXの原因であること）、他の類似のデータにも同様の傾向が見られるかなど、様々な観点から慎重に判断する必要があります。

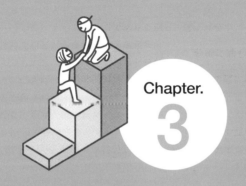

Chapter.
3

データの発生：
確率と分布

Section. 1 確率の基本

統計学においては、観察されるデータは、ある特定の母集団から確率的に発生した値であると
想定します。このようなことから、「確率」という概念をどのように考えるかということが、
統計学において重要になってきます。
ここでは、確率の基本である頻度主義、ベイズ統計学、公理的確率論について解説します。

頻度主義

　一般的には、「確率（probability）」とは、ある不確実な事象の起こりやすさを表したものとして定義されることがほとんどです。例えば、サイコロを振って5の目が出る確率や、トランプのカードの束（ジョーカーを除く52枚）から1枚抜いた場合に、それが赤色である確率やハートの図柄である確率などを考えることができます。

　1回の試行では、何が生ずるかはわかりませんが、どの事象が生ずるかが同様に確からしいと考えられる場合、試行回数を限りなく多く増やしていったときに、その事象の生じた回数（頻度）の全体に占める割合は、ある一定の値（極限値）に収束すると考えることは自然であり、その極限値を確率の定義とする考え方を「頻度主義（frequentism）」と呼びます。

ベイズ統計学・主観主義

　ただし、確率というものをこのように定義しようとすると、例えば原理的に1回しか起こりえない事象をどのように扱うか——ある年月日時の天気（雨が降る確率）など——といった点で、見解の相違や議論が生ずることになります。また、客観的な確率を扱うだけ

ではなく、分析者の主観的な信念を確率の形で表現して、データ解析に積極的に利用していく「ベイズ統計学（Bayesian statistics）」のような考え方もあります。分析者の主観をもとにした確率を扱うので、「主観主義」と呼ぶこともあります。

公理論的確率論

　現代的な確率論では、数学的に厳密な定義や操作を可能とするために、ある性質を満たす集合の要素を事象として考え、このような事象（集合の一部）に対して0から1までの数値を対応させる関数の中で、特定の性質を持つものを確率として定義する「公理論的確率論」の考え方が採用されています。

　ただし、具体的なデータを扱う一般的なデータ解析の現場では、こうした数学的に厳密な議論が必要とされる場面はそれほど多くはないので、確率をある事象の起こりやすさとして捉えても、大きな問題が起こることはあまりないといえます。

確率

●ある不確実な事象の起こりやすさを表したもの

サイコロを振ってある特定の目が出る確率

トランプのカードから1枚抜いて、
それが赤色である確率

● キーワード　極限値

確率においての極限値とは、確率変数がとる値が極端に大きくなる場合や、極端に小さくなる場合のことを指します。

Section. 2　確率変数と確率分布

確率とは、ある不確実な事象の起こりやすさを表したものとして定義されます。
前Sectionでは、客観的な確率を扱うだけではなく、分析者の主観的な信念から
データ解析を行う考え方などを解説しました。
統計学では、様々なデータから確率を考えていきます。

確率変数と確率分布

　確率論や統計学では、様々な数値やカテゴリが、ある確率に従って生ずるような状況を考えていきます。このように、確率的に変動するような変数（数値、カテゴリ）のことを「確率変数（random variable）」といいます。

　確率変数では、横軸にその値をとり、縦軸にそれらの起こりやすさを示したものを「確率分布（probability distribution）」といいます。確率変数は、

とびとびの離散的な値（整数、カテゴリなど）をとる場合と、連続的な値（気温、身長など）をとる場合があります。

　例えばサイコロを投げたときの出る目（1/6の等確率）や、くじの当たりはずれは離散的な確率変数であり、それぞれの値（カテゴリ）の確率を棒グラフで図示することで、確率分布をわかりやすく表現することができます。

確率密度関数（離散分布、連続分布）

　一方で、身長のように連続的な値をとる確率変数の場合、それらの値は（小数点以下を考えると）無限に考えられるので、離散的な値のように図示することはできません。このような場合に、確率変数の値が一定の範囲に入る確率を、ある関数の面積で示すことが行われます。そのような関数を「確率密度関数（probability density function）」といいます。確率

密度関数には様々なものがあり、後述する「正規分布」などがよく用いられますが、確率変数の性質や解析の方法などに応じて適切なものを選ぶ必要があります。

● 確率変数：確率的に変動する変数

● 確率分布：

　・離散型：確率変数の値ごとに、それらの「起こりやすさ」を示したもの

　・連続型：確率変数の値が一定の範囲に入る確率を、ある関数の面積で示したもの

　　　　　→そのような関数を「確率密度関数」という

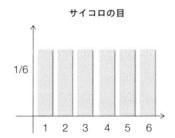

サイコロの目

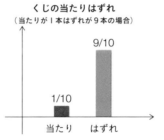

くじの当たりはずれ
（当たりが1本はずれが9本の場合）

ある集団から選ばれた人の
身長が120～160㎝である確率

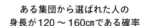

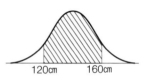

確率密度関数で
囲まれた部分の面積

🌓 **キーワード**　離散型／連続型

データは、とびとびの値で数えるものか、連続的なものかによって、離散型・連続型に分けることができます。人数、個数、枚数などのように数えることができるものを離散型データといいます。身長、体重、面積などのように数えることができず連続的なものを連続型データといいます。

Section. 3 条件付確率と独立

前Sectionでは、サイコロを投げたときに出る目の確率やくじの当たりはずれなど、

1つの確率変数と確率分布についてを考えてきました。

ここでは、サイコロが2つの場合など、2つの確率変数について考えてみましょう。

2つの確率変数を考える場合、独立と条件付確率の考え方があります。

独立

　2つの確率変数を考えるとき、一方がどのような値をとっても、他方の値の出る確率が変わらないことを「独立（independent）」といいます。例えば、サイコロ2つ（AとB）を投げる場合を考えます。事象Xと事象Yをそれぞれ、「X：Aが1の目である」、「Y：Bが3の目である」とします。また、Xが起こる確率をP(X)、Yが起こる確率をP(Y)、XとYが同時に起こる確率をP(X,Y)とします。このとき、一方のサイコロの出る目（確率変数）は、他方のサイコロの出る目（確率変数）に影響を与えないので、これらの変数は独立になります。このとき、P(X,Y) = P(X)P(Y)が成立しています（1/36 = 1/6×1/6）。

※P(X,Y) = P(X)P(Y)の方を独立の定義にする場合もあります。

独立（independent）

- 独立：2つの確率変数について、一方がどのような値をとっても、
　　　　他方の値の出る確率が変わらないこと
- Xが起こる確率をP(X)、Yが起こる確率を
　P(Y)、XとYが同時に起こる確率をP(X,Y)とした場合
　… P(X,Y) = P(X)P(Y)

【例】サイコロ 2 つ（A と B）を投げる

X：A が 1 の目である　　Y：B が 3 の目である

P(X)＝1/6

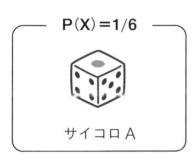

サイコロ A

P(Y)＝1/6

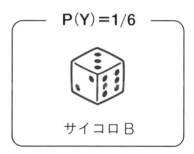

サイコロ B

（＝P(X)P(Y)）

P(X)＝1/36

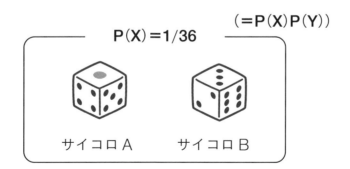

サイコロ A　　　　サイコロ B

条件付確率

　同じく２つの確率変数を考えます。２つの確率変数(X,Y)について、一方(Y)の情報が与えられた場合の、他方(X)の出る確率のことを条件付確率P(X|Y)といいます。これは、P(X|Y) = P(X,Y)/P(Y)で定義されます。例えば、トランプでハートのカード13枚の中から１枚を取ることを考えます。そして、事象Xと事象Yをそれぞれ、「X：Queen(12)が出る」、「Y：絵札（J、Q、K）が出る」とします。このとき、何も情報がない場合、どのカードの出る確率も同じなので、P(X) = 1/13となります。しかし、カードを取るときにそれ

が絵札であるのが見えた場合には、P(X|Y) = 1/3となります。また、この場合、P(X,Y) = P(X)P(Y)は成立していません（XかつYは、Queen(12)が出ることなので、P(X,Y) = P(X) = 1/13）。

　条件付確率は、何らかの情報が与えられた場合に、それに影響を受けて確率が変化する状況を記述するのによく用いられます。条件付確率を基に、ベイズの公式やベイズ統計学の考え方が導かれます（Chapter.4を参照）。

> ### 🔊 キーワード　ベイズ統計学
>
> ベイズ統計は、データが不十分でも「ある事態が発生する確率」を最初に設定した後、さらに新しい情報が得られるたびにその確率を更新していき、本来起こるであろう事象の確率を導き出す統計学です。分析者の主観をもとにした確率を扱うので「主観主義」と呼ぶこともあります。

条件付確率

- 条件付確率 P(X|Y)：２つの確率変数(X, Y)について、
  一方(Y)の情報が与えられた場合の他方(X)の出る確率
  …P(X|Y) = P(X, Y)/ P(Y)
  　で定義
- X と Y が独立の場合
  P(X|Y) = P(X)P(Y)

【例】トランプ（ハート）13枚から1枚取る

X：Queen（12）が出る　　Y：絵札（J,Q,K）が出る

P(X)=1/13

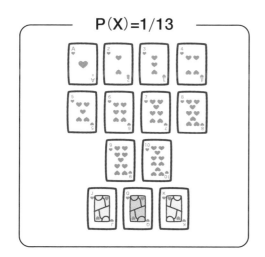

P(X|Y)=1/3

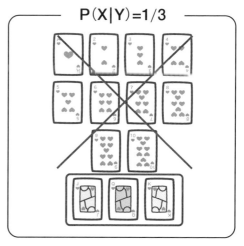

何も情報がない場合

P(Y)=3/13
P(X)=1/13
P(X,Y)=P(X)=1/13

取るときに絵札である
のが見えた場合

P(X|Y)=1/3
　　　=P(X, Y)/P(Y)

P(X, Y)≠P(X)P(Y)

Section. 4　離散分布

Section.2で、確率変数には、とびとびの離散的な値（整数、カテゴリなど）をとる場合と、
連続的な値（気温、身長など）をとる場合があるということを説明しました。
ここでは、離散的な確率変数に関する確率分布について解説します。
代表的なものに、二項分布とポアソン分布があります。

二項分布とポアソン分布

　離散的な確率変数に関する確率分布としては、様々なものがありますが、統計学では「二項分布（binomial distribution）」と「ポワソン分布（poisson distribution）」がよく用いられます。

　二項分布を説明するための、コイン投げの例を考えます。ここで、表の出る確率がＰのとき（つまり裏が出る確率が１－Ｐのとき）、各回の表裏の出方は独立であるとして、５回投げて表が２回出る確率は、

$$_5C_2 = 10 \text{ 通り}$$

になります。

　同様にして、一般に、ある確率Ｐで事象Ａが起き、１－ｐで事象Ｂが起こるような独立な試行をｎ回行ったときＡがＸ回生じる確率を考えます。ｎ回のうち、Ｘ回だけＡが起こる組合せは $_nC_x$ 通り（これを二項係数といいます）あるので、求めるべき確率は、

$$_nC_x P^x (1-p)^{n-x}$$

になります。このような事象が従う確率分布を二項分布といいます。複雑な形に見えますが、適当なソフトウェアで計算することが可能です。

　さらに、成功・失敗に関する二項分布について、成功する確率Ｐが非常に小さい場合で、npが一定の値（＝λ）を保つように試行回数ｎを大きくしていった場合、詳しい計算は省略しますが、成功回数がＸ回である確率は、

$$P(x, \lambda) = \frac{e^{-\lambda} \lambda^x}{x!}$$

となります。

　このような確率分布をポワソン分布といいます。

　ポワソン分布は、起こる確率が非常に小さい以下のような事象によく当てはまるといわれており、実現値が正の整数であるような事象のモデリングに用いられることがあります。

＜ポワソン分布に従う事象の例＞

・サッカーの 1 試合当たりの得点

・営業における 1 日当たりの契約件数

・一定時間に受付に来る客の人数

二項分布

【例】コイン投げ：表の出る確率が p のとき（裏が出る確率が 1－p のとき）

5 回投げて表が 2 回出る確率（各試行は独立）

5 回

表が 2 回出る確率＝P^2
表が 3 回出る確率＝$(1-p)^3$

5 回のうち、2 回が表になる組合せは

$_5C_2 = 10$ 通り

よって、求める確率は $10P^2(1-p)^3$

一般に、ある確率 P で事象 A が起き、1－p で事象 B が起こるような

独立な試行を n 回行ったとき A が x 回生じる確率は・・・

A A B A B B … A B

A が x 回出る確率＝P^x
B が $n-x$ 回出る確率＝$(1-p)^{x-2}$

n 回のうち、x 回だけ A が起こる
組合せは

$_nC_x$ 通り（$_nC_x$ は二項係数）
よって、求める確率は

$_nC_xP^x(1-p)^{n-x}$

→適当なソフトウェアで計算可能

ポワソン分布

成功・失敗に関する二項分布：成功する確率Ｐが非常に小さい場合…

np が一定の値（＝λ）を保つように試行回数 n を大きくしていった場合…

成功回数が x 回である確率は以下のとおり　→　これをポワソン分布という

$$P(x, \lambda) = \frac{e^{-\lambda} \lambda^x}{x!} \qquad e = 2.71828\cdots$$

🔖 **キーワード**　　モデリング

モデリングとは、データをわかりやすいような型（モデル）に当てはめる作業をいいます。モデルを作成することで、シミュレーションなどを通じて、現実に起きている現象を説明したり、特定の条件下での振る舞いを予測することができるようになります。

Section. 5

連続分布①

正規分布

確率分布には、前Sectionで解説した離散分布と、連続分布があります。連続分布は結果の数が無限の場合の連続的な値の分布です。連続分布の種類には正規分布やカイ二乗分布、 t 分布、 F 分布などがありますが、ここでは、正規分布について解説します。

正規分布

連続分布には様々なものがありますが、その中でも「正規分布（normal distribution）」は、統計学において最もよく用いられる分布のひとつです。正規分布は、⑴山が1つ（単峰型）で、⑵左右対称の、中心から離れるほど頻度が減少するような特徴を持つ分布であり、正規分布に従う確率変数を X とした場合、正規分布の密度関数は、以下のような数式で定義されます。

$$\frac{1}{\sqrt{2\pi\sigma^2}} \, exp\left(-\frac{(x-\mu)^2}{2\sigma^2}\right)$$

この式の中で、μ は分布の平均（中心）を、σ は分布の標準偏差（広がり）を表現するパラメーターです。平均 μ と標準偏差 σ を変化させることにより、中心や広がり方の異なる様々な正規分布を表現することができます。ここで、$\mu = 0$、$\sigma = 1$ の場合の正規分布を「標準正規分布（standard normal distribution）」といいます（標準正規分布については、Chapter.4を参照）。

正規分布は、様々な自然現象やデータの中に見出される分布であり、各種の統計解析を行う際に仮定すると数学的に扱いやすく、標準正規分布に関する詳しい数表が整備されていることなどから、統計学の多岐にわたる分野で活用されています。

正規分布では、標準偏差 σ が需要な役割を持っており、平均から、

- σ がプラスマイナス1つ分の範囲にデータが属する確率が68.3%
- σ がプラスマイナス2つ分の範囲にデータが属する確率が95.4%
- σ がプラスマイナス3つ分の範囲にデータが属する確率が99.7%

であることがわかっています。

正規分布

● 正規分布の形状には以下の特徴がある。

　(1) 山が1つ（単峰型）

　(2) 左右対称

　(3) 中心から離れるほど出現頻度が減少

$$\frac{1}{\sqrt{2\pi\sigma^2}} \, exp\left(-\frac{(x-\mu)^2}{2\sigma^2}\right)$$

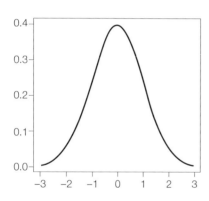
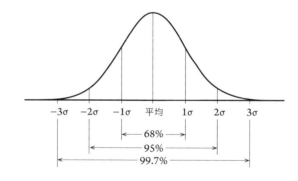

キーワード　パラメーター

パラメーター（parameters）とは、変数のことです。変数とは、コンピュータープログラム内で値が変化することのできる数のことをいいます。

Section. 6

連続分布②
正規分布から導かれる分布

統計学で用いられる確率分布には、分析目的に応じた様々な種類のものがあります。データ解析の現場では特に、データが正規分布に従うとみなせる状況では、正規分布を様々な形で組み合わせたカイ二乗分布、t分布、F分布がよく用いられます。各種の検定などでも用いられています。

カイ二乗分布、t 分布、F 分布

正規分布を様々な形で組み合わせた分布についても詳細が調べられていて、数表などが整備されており、各種の検定などに用いられています（検定については、Chapter.5を参照）。ここでは、カイ二乗分布、t分布、F分布の特徴を紹介します。

■ カイ二乗分布 (chi-square distribution)

独立に標準正規分布に従う確率変数がいくつかあった場合に、それらを二乗した上で足し合わせたもの（二乗和）は、「χ（カイ）二乗分布」に従います。カイ二乗分布は、データが特定の分布に適合しているかに関する検定などで用いられます。

$$x^2$$

「エックス」ではなく「カイ」と読みます。

■ t分布 (t-distribution)

標準正規分布に従う確率変数 X と、カイ二乗に従う確率変数 Y があった場合、X /√ Y の分布はt分布に従います。t分布の式は、平均が0のデータを標準偏差で割ったものに相当します。t分布は、データのサイズが小さく「中心極限定理」が使えない状況の中で（中心極限定理についてはChapter.4-3を参照）、正規分布を用いた検定などが適切でない場合に用いられます。t分布は正規分布に似た形状をしていますが、標本の自由度（サイズに相当）によって形状が変化し、標本のサイズがそれほど大きくない場合、正規分布よりも分布の裾野が長い形状になります。

■ F分布 (F-distribution)

独立にカイ二乗分布に従う2のつ確率変数 X と Y（自由度はそれぞれm、n）について、(X/m) / (Y/n)は、F分布に従います。F分布も、自由度（サイズに相当）によって形状が変化します。F分布は分散分析（分散分析についてはChapter.5を参照）において、あるカテゴリーが有意であるかを検定する場合や、回帰分析におけるモデルの当てはまりを検定する場合などに用いられます。

> 🔵 **キーワード**　自由度
>
> 統計学での自由度とは、自由に決めることができるデータの数のことです。様々な分布の自由度については、統計学のテキストを参照してください。

Chapter. 3　データの発生：確率と分布　　**Column**

ガウスと正規分布

正規分布は、別名、「ガウス分布（Gaussian distribution）」とも呼ばれています。正規分布自体は、フランスの数学者であるド・モアブルやラプラスによって発見・研究されてきたものですが、これを発展させ、統計学的に多くの分野に展開することに成功したのが、ドイツの著名な数学者である「ガウス（Carl Friedrich Gauss）」です。

ガウスは数学の幅広い分野でいくつもの重要な定理や理論を発見し、開発してきた代数学者ですが、統計学の分野でも最小二乗法の原理や正規分布に関係する様々な理論を導くなど、多大な貢献をしています。こうした功績もあって、かつてのドイツの10マルク紙幣には、ガウスの肖像とともに正規分布がデザインされています。

ヨハン・カール・フリードリヒ・ガウス（1777年～1855年／Christian Albrecht Jensen による肖像画）

● ドイツの旧10マルク紙幣。ガウスの肖像と正規分布がデザインされていた

身長と正規分布

　人間の身長は、正規分布に従うとされています。このことを確認するために、文部科学省の実施する学校保健統計調査を用いて、小学校から高等学校までの学生の身長の分布の形状を見てみます。具体的には、令和3年度の学校保健統計調査の全国表のデータから、小学校から高等学校までの学生の、男女別の身長の分布に関するグラフを描くことができます。

　このグラフを見ると、身長についてはどの学年においても、ほぼ正規分布に従っているように見えます。ただしそれらの平均値や散らばりかた（分散）は、学年によって異なります。学年が上がるにつれて、概ね、身長の平均値も上昇しています。

小・中・高校生の身長の分布

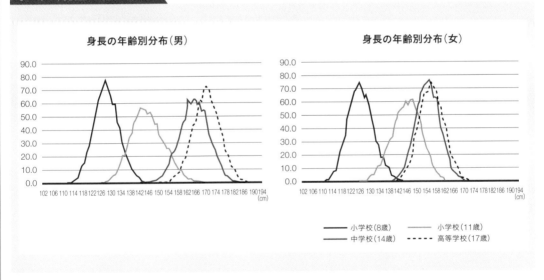

身長の年齢別分布（男）

身長の年齢別分布（女）

小学校(8歳)　小学校(11歳)　中学校(14歳)　高等学校(17歳)

Chapter. 4

推測統計学と
ベイズ統計学

Section. 1 母集団分布と標本分布

特徴や傾向を知りたい集団全体のことを「母集団（Population）」といい、
データ取得のために抜き出した母集団の一部のことを「標本（Sample）」
ということについては、Chapter.1で説明しました。
ここでは、母集団の平均、標本の平均について解説します。

母集団全体と標本の平均

例えば全国の高校生を母集団として、母集団全体の身長の平均を知りたいという場合、全数を調査することは難しいものです。そこで、その一部を標本として抽出し、標本についての身長の平均を求めて、そこから母集団全体の平均を推測する、という方法が考えられます。このとき、母集団全体の平均を「母平均」、標本における平均を「標本平均」といいます。母平均のように、母集団全体の分布を特徴づける数値のことを「母数」といいます。また、標本平均のように、標本から計算される数値のことを「統計量」といいます。

■ 標本分布

母集団全体における身長の分布は、おおむね正規分布に従うと考えられ、その平均を考えることができます。どのような標本を抽出するかで、そこから計算される標本平均も様々な値をとります。そして、標本として考えられる全ての組合せについて標本平均を計算した場合に、その確率分布を考えることができます。

このような標本に関する統計量の分布のことを「標本分布」といいます。

実は、正規分布に従うような母集団から抽出した標本に関する標本平均の確率分布は、また正規分布に従うことがわかっています。標本抽出が適切になされている場合に、標本分布を詳細に調べることにより、そこから母集団分布の性質をある程度推測することができます。例えば、母数の位置がだいたいどのあたりの範囲にあるかを推測する「区間推定」などがあります（Section.5を参照）。

ある特定の確率分布から抽出した標本に関する様々な統計量の標本分布が多く調べられており、そうした標本分布に関する結果は、母数の推測のみならず、母数に関する仮説を検定する場合（統計的仮説検定）にも有効に活用されます（統計的仮説検定については、Chapter.5を参照）。

【例】全国の高校生を対象に、身長の分布を知りたい

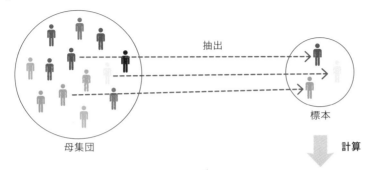

抽出

標本

計算

μ＝母集団の平均（母平均）

推測

$\overline{x}$＝標本の平均（標本平均）

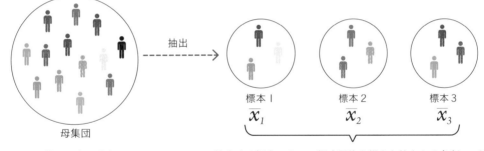

抽出

母集団

標本１　　標本２　　標本３
$\overline{x}_1$　　　$\overline{x}_2$　　　$\overline{x}_3$

抽出する標本によって標本平均も様々な値をとる（ばらつく）

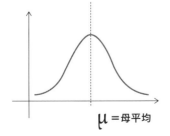

母集団の身長分布

μ＝母平均

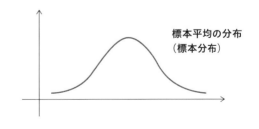

標本平均の分布
（標本分布）

Section. 2 母平均の推定と母分散の推定

前Sectionでは、母集団全体の平均を「母平均」といい、
母平均は、母集団から抽出した標本に関する平均（標本平均）から
母集団全体の分布を推測できるということを説明しました。
ここでは、母平均と母集団全体の分散（母分散）について解説します。

標本平均の不偏性

　母集団全体の平均を「母平均」、母集団全体の分散を「母分散」といいます。母平均は、母集団から抽出した標本に関する平均（標本平均）で推測することが一般的です。様々な標本を何度も抽出して、そこから標本平均を計算することを繰り返した場合に、そのようにして求められた標本平均の分布の平均値（標本平均）は、元の母集団の平均値（母平均）と一致することがわかっています。このような性質を、標本平均の「不偏性（unbiasedness）」といいます。

　母分散を考えた場合、同じように、標本の分散から母分散を推定することが考えられます。しかし、標本から単純に計算した標本分散には、母分散よりも小さい方向に偏りがある（したがって、不偏性を持たない）ことが知られています。

　そして、標本のサイズをnとした場合、標本から分散を計算する場合に、各要素から平均を引いて二乗した値を標本のサイズnで割るのではなく、n−1で割ることにより、この偏りを補正した分散の推定値を得ることができることもわかっています。このようにn−1で割って標本から求めた分散を、「不偏分散」といいます（なぜnではなくn−1で割るのかということについて厳密に説明するには数学と統計学の知識が必要ですが、ここでは省略します）。

　不偏分散は、母分散の推定のみならず、母平均に関するある種の仮説を検定する場合にも用いられます。この検定を統計的仮説検定といい、Chapter.5で解説します。

【例】全国の高校生を対象に、身長の分布を知りたい

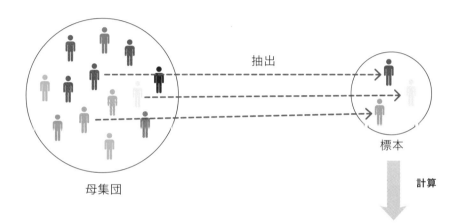

$$\overline{x} = \frac{x_1 + x_2 + \cdots + x_n}{n}$$

母分散の推定

【例】全国の高校生を対象に、身長の分布を知りたい

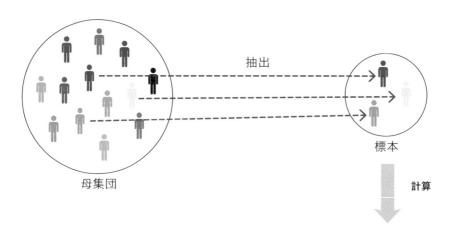

母集団　　抽出　　標本

計算

$\sigma^2 =$ 母集団の分散（母分散）　←　推測　←　$S^2 =$ 標本の不偏分散

$$S^2 = \frac{(x_1 - \overline{x})^2 + (x_2 - \overline{x})^2 + \cdots + (x_n - \overline{x})^2}{n-1}$$

確率論の代表的な定理

統計学において最もよく用いられる分布のひとつが「正規分布」です。
正規分布は、山が1つ（単峰型）で、左右対称、中心から離れるほど
出現頻度が減少するという特徴を持つ分布です。
ここでは、どのような分布でも、回数を増やすほど正規分布に近づく
という中心極限定理について解説します。

中心極限定理

　「正規分布」は、標本調査の誤差や様々な自然現象の分布としてよく用いられていますが、そのことを正当化するための理論的な根拠として、統計学における「中心極限定理」（Central Limit Theorem：CLT）が用いられています。中心極限定理とは、互いに独立に、同一の分布（どのような分布でもよい）に従う確率変数の和が、変数の数が多くなるにつれて、正規分布に近づくという内容の定理であり、統計学の中でも最も重要な定理のひとつとされています。

　「中心極限定理」の証明には高度な数学が必要とされますが、ここでは、複数のサイコロを投げた際の目の和の度数分布を考えることで、定理の直観的なイメージを示します。

　偏りのないサイコロを投げた場合、1から6までのどの目も等しい確率（1/6）が出ると考えられます。サイコロを2個に増やして、その目の和の出方を考えると、それらの和は2から12までの値をとりますが、7になる組合せが最も多いので（7通り）出やすく、

1や12などの極端に小さい・大きい値の組合せは出にくいことがわかります。ここでサイコロの数を増やしていくと、平均値の近くの組合せの数は多く、平均値よりも離れた位置にある組合せの数は少なくなっていき、（確率であることにより）全体の面積は1に固定されていることから、その分布の計上は「正規分布」に近づいていくことがわかります。

■ 中心極限定理での証明

　ここで、コンピューターを使ったシミュレーションの結果を紹介します。具体的には、統計解析ソフトウェア「R」を用いて、どの目の出る確率も等しい（1/6）仮想的なサイコロを1個、2個、5個、10個の場合に、それぞれ1万回振って、それらの目の和について頻度を計算し、ヒストグラムを描いてみます（79ページの図参照）。

　その結果、サイコロの数が増えるに従って、だんだんとグラフの形状が正規分布に近づいていく様子が見

られました。サイコロの数が10個の場合でもほとんど正規分布に近い形状のグラフが得られており、このように中心極限定理は、標本のサイズがそれほど大きくない場合でも成立することが知られていて、扱いやすい定理であるといえます。

サイコロ投げの事例による説明

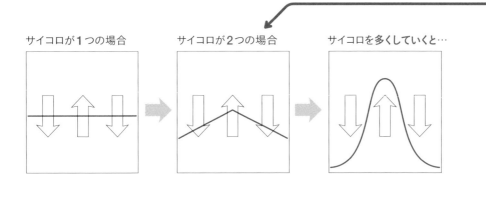

サイコロが1つの場合　　サイコロが2つの場合　　サイコロを多くしていくと…

サイコロが2つの場合

目の和	2	3	4	5	6	7	8	9	10	11	12
サイコロの目の組合せ						1,6					
					1,5	2,5	2,6				
				1,4	2,4	3,4	3,5	3,6			
			1,3	2,3	3,3	4,3	4,4	4,5	4,6		
		1,2	2,2	3,2	4,2	5,2	5,3	5,4	5,5	5,6	
	1,1	2,1	2,1	4,1	5,1	6,1	6,2	6,3	6,4	6,5	6,6

コンピューター上で、仮想的なサイコロを10,000回振り、
出た目の和ごとの頻度を計算し、それらに対応するヒストグラムを描いてみる。

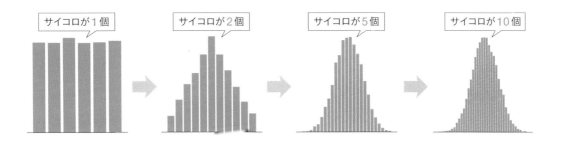

サイコロが1個　サイコロが2個　サイコロが5個　サイコロが10個

● サイコロの数を増やすと、正規分布に近づいていく
● サイコロが5個でも、ある程度の近似ができている
● サイコロを10個に増やすと、ほぼ正規分布に近くなる

🌓 キーワード　統計解析ソフトウェア「R」

「R」は、ソースコードがR言語で書かれた統計解析ソフトウェアです。
オープンソース・フリーソウトウェアで、誰でも自由にダウンロードして使用することができます。

Section. 4 標準正規分布と確率

Chapter.3で正規分布には、平均μと標準偏差σというパラメーターがあり、
これらを変化させることで、様々な正規分布を表現できることを学びました。
ここでは、正規分布に従うデータを標準化して、必要な数値や確率を
求めやすくする方法を解説します。

データを標準化する

平均μと標準偏差σというパラメーターを変化させることによって、中心や広がり方の異なる様々な正規分布を表現することができます。さらに、$\mu=0$、$\sigma=1$にした場合の正規分布を「標準正規分布（standard normal distribution）」といいます。

ここで、実際のデータに正規分布を適用して各種の事象が生じる確率を計算しようとすると、形状の異なる正規分布ごとに確率を計算しなければならず、面倒です。こういう場合、データを構成する各要素に対してデータの「標準化（standardization）」という操作を施すことにより、それらを平均が0、分散（標準偏差）が1になるように調整することができます。標準化とは、データの各要素から平均を引いた上で、それらを標準偏差で割る操作です。平均を引くことによってデ

ータの中心を0に合わせ、さらに標準偏差でスケールを変化させることにより、平均が0、分散（標準偏差）が1になるように調整します。正規分布に従うデータを標準化することにより、標準正規分布に従うように変換することができます。

■ 標準正規分布から確率を求める

標準正規分布は、その性質が詳細に調べられていて、どこからどこまでの範囲にデータが属する確率が何パーセントであるかを求めるために必要な数値も数表の形で整備されています。データを標準化した上で数表から必要な数値や確率を求めることができます。

データの標準化

データを構成する各要素から、

- ●平均を引いて、
- ●標準偏差で割ると、

平均が 0 、分散が 1 となるようにできる

データの標準化：$\dfrac{データの各要素 - 平均}{標準偏差}$

標準正規分布：平均 0 、分散 1 の正規分布

「標準正規分布表」から、データが特定の範囲にある確率を計算できる

±1.96 の範囲に入る確率は95%

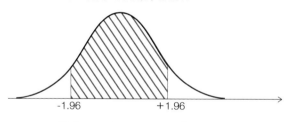

-1.96　　　　+1.96

$$P\left(-1.96 \leq T \leq 1.96\right) = 0.95$$

🌙 **キーワード**　標準偏差

標準偏差は、データの散らばり（ばらつき）具合を示す値で、データがどれだけ平均値から離れているかを表します。標準偏差が大きいほどデータが平均値から離れていることを表し、小さいほど平均値に集中していることを表します。

Section. 5　対数の法則、点推定と区間推定

標本から母数（母集団の平均や分散など、分布を表現するパラメーターの値）を推定する
手法には「点推定」と「区間推定」があります。
それぞれどういうものか、その違いを確認します。
また、「区間推定」で母数を推定する上で注意すべき点についても説明します。

点推定

　母集団の平均を、そこから抽出した標本に関する標本平均で推定するといったように、母数を標本から計算される統計量の１つの値で推定する方式を、「点推定（point estimation）」といいます。

　実は、標本平均は、ある種の条件の下で、標本のサイズを大きくするにつれて、母平均に近い値になっていくことが知られており、これを「対数の法則（law of large numbers）」といいます。

　対数の法則は、母平均を（ある程度サイズの大きい標本による）標本平均で推定することの理論的な根拠となっています。

区間推定

　点推定は、１つの統計量の値で母数を推定する方式でしたが、母数が概ね、どのあたりの区間にありそうだという形で推定する方式を、「区間推定（interval estimation）」といいます。

　例えば、母集団の分布が正規分布に従うとして、母平均が未知（μ とします）で、母分散（σ^2 とします）が過去の調査などから知られている場合（既知）を考えます。このような母集団から抽出した、大きさが n の標本を基に標本平均 $\overline{x}$ を計算すると、$\overline{x}$ は、平均が μ、分散が $\dfrac{\sigma^2}{n}$（したがって標準偏差が $\dfrac{\sigma}{\sqrt{n}}$）の正規分布に従うことが知られています。このとき、平均 μ と標準偏差 $\dfrac{\sigma}{\sqrt{n}}$ を用いて標本平均 $\overline{x}$ の標準化を行った結果である $(\overline{x} - \mu) / \left(\dfrac{\sigma}{\sqrt{n}} \right)$ は、標準正規分布に従います（前 Section を参照）。

標準正規分布に従う確率変数については、例えばその値が -1.96 から +1.96 までの範囲にある確率が 95％といったように、確率を求めるための詳細な数表が作られています。よって、95％の確率で、

$$-1.96 \leq (\overline{x} - \mu) / \left(\frac{\sigma}{\sqrt{n}} \right) \leq 1.96$$

であるといえるわけですが、これを μ について解くことにより、以下のような区間が求められます。

$$\overline{x} - 1.96 \frac{\sigma}{\sqrt{n}} \leq \mu \leq \overline{x} + 1.96 \frac{\sigma}{\sqrt{n}}$$

このように、だいたいどのあたりの範囲に母平均があるかの目安を見積もることができます。

ただし、ここまでの説明の中で、いくつか注意すべき点があります。

まず、母平均 μ が上記の不等式で示される区間に入る確率が 95％と解釈してはならないという点です。

母平均 μ は、ある 1 つの固定された値であり、確率変数のように変動することはありません。変動するのは $\overline{x}$ の方です。標本を抽出するごとに、上記の式で信頼区間を作ることができますが、それを例えば異なる標本に応じて 100 個作った場合、そのうちの 95 個が母平均 μ を含む確率が 95％であるというように解釈する必要があります。

また、今回の例では母分散が既知であると仮定しましたが、実際は未知の場合が多く、これを標本から不偏分散 s^2 により推定することが考えられます。しかし、標本平均や標本分散（標本標準偏差）を用いて標準化を行った場合 $\left((\overline{x} - \mu) / \left(\frac{s}{\sqrt{n}} \right) \right)$、標本のサイズが小さい場合には、その分布は正規分布にならず、t分布に従うことが知られています。よってこの場合には、t分布の情報を使って区間を作る必要があります。

> 🌙 **キーワード** t分布
>
> t 分布は、連続分布の 1 つで、母集団の平均と分散が未知で標本のサイズが小さい場合に、平均を推定する問題で利用されます。

点推定の例

【例】全国の高校生を対象に、身長の分布を知りたい

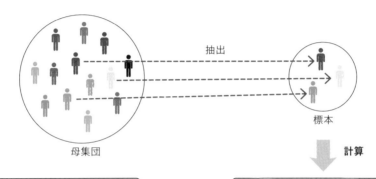

抽出

標本

母集団

計算

μ ＝母集団の平均（母平均）　←　$\overline{x}$ ＝標本の平均（標本平均）

１つの統計量の値で推測
【点推定】

$$\overline{x} = \frac{x_1 + x_2 + \cdots + x_n}{n}$$

「標準正規分布表」から、標準化した統計量が
ある特定の範囲にありそうだと推定できる。

±1.96 の範囲に入る確率は95%

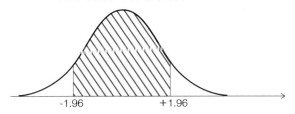

$$P-\left(1.96 \leq (\overline{x} - \mu)/\left(\frac{\sigma}{\sqrt{n}}\right) \leq 1.96\right) = 0.95$$

Section. 6　ベイズの定理とベイズ統計学

ここまで推測や推定、確率について紹介してきましたが、ここでは統計学の主流ともいうべきベイズの定理（公式）について解説します。ベイズの定理は人工知能などの分野を理解する上で、重要な概念です。様々な分野でベイズの定理に基づくモデルが利用されています。さらに複雑な統計モデルを考えることも可能であり、複雑な機械学習・AIのモデルやアルゴリズムが提案されています。

ベイズの定理（公式）

　AとBという2つの事象を考えます。このとき、事象Bが起こったという条件の下で、事象Aが起こる条件付確率P(A|B)を考えることができるということはChapter.3で説明しました。ここでさらに、上記の条件付確率を含む以下の確率を考えます。

①事象Aと事象Bが同時に起こる確率：P(A,B)
②事象Aが起こる確率：P(A)
③事象Bが起こる確率：P(B)
④事象Bが起こったという条件の下で、事象Aが起こる確率：P(A|B)

⑤事象Aが起こったという条件の下で、事象Bが起こる確率：P(B|A)

　このとき、AとBが同時に起こる（①の）場合というのは、先にAが起こった上で（②の場合）、その上でBが起こる（⑤の）場合と、先にBが起こった上で（③の場合）、その上でAが起こる（④の）場合の2通りに分けることができます。これらを式で書くと、

$$P(A,B) = P(B|A)P(A)$$
$$P(A,B) = P(A|B)P(B)$$

> 🥧 **キーワード**　条件付確率
>
> 条件付確率は、2つの確率変数（X,Y）について、一方（Y）の情報が与えられた場合に、他方（X）の出る確率のことです。与えられた情報に影響を受けて確率が変化する状況を記述する場合によく用いられます。

となり、ここから、

$$P(A|B)P(B)=P(B|A)P(A)$$

が導かれ、さらに、

$$P(A|B)=\frac{P(B|A)P(A)}{P(B)}$$

が導かれます。

これをベイズの定理（公式）といいます。

左辺と右辺（の分子の最初の項）で、ＡとＢの役割が逆になっていることがわかります。Ａを原因、Ｂを結果とした場合、原因に関する確率や、原因からある結果の起こる確率などを用いて（右辺）、ある結果が観測された場合に、その原因となる事象の確率を求める式が得られたことになります。

ベイズの定理

①事象Ａと事象Ｂが同時に起こる確率：P(A,B)
②事象Ａが起こる確率：P(A)
③事象Ｂが起こる確率：P(B)

④事象Ｂが起こったという条件の下で、事象Ａが起こる確率：P(A|B)
⑤事象Ａが起こったという条件の下で、事象Ｂが起こる確率：P(B|A)

---

①の確率は、「②が起こった上で⑤が起こる」確率と等しい
　〃　　　「③が起こった上で④が起こる」　　〃

$$P(A,B)=P(B|A)P(A)$$
$$P(A,B)=P(A|B)P(B)$$

左辺はどちらも P(A,B) で等しい
だから右辺同士も等しい

$$P(A|B)P(B)=P(B|A)P(A)$$

両辺を P(B) で割る

$$P(A|B)=\frac{P(B|A)P(A)}{P(B)}$$

ベイズの定理（公式）

ベイズの定理

A が原因で B が起こる確率

$$P(A|B) = \frac{P(B|A)P(A)}{P(B)}$$

B が原因で A が起こる確率

仮説 H が正しい場合にデータが観測される確率

$$P(H|D) = \frac{P(D|H)P(H)}{P(D)}$$

データ D が観測された場合に仮説 H が正しい確率

D：データ（Data）

H：ある仮説（Hypothesis）

■ ベイズの定理の応用

　ここで例えば、B を、あるデータが観測される事象とし、A を、ある統計的な仮説とします。このとき、あるデータが観測されたという状況の下で、その原因がなんであるかを判定する確率を求める方法が得られます。もちろん、P(B|A) や P(A) などをうまく表現するモデルを設定する必要がありますが、こうした考え方を基に、例えば迷惑メールの仕分けや、陽性の検査結果から、実際に病気である確率の計算など、様々な分野でベイズの定理に基づくモデルが利用されています。

　ベイズの定理の考え方をベースとして、さらに複雑な統計モデルを考えることも可能であり、ある単語に続く確率の高い単語を予測し、文章を生成するなど、複雑な機械学習・AI のモデルやアルゴリズムが提案されています。

迷惑メールの仕分け

陽性の検査結果から、実際に病気である確率の計算

※病気でなくても陽性になる
可能性がある（偽陽性）

データの標準化とその応用

Section.4でデータの標準化について説明しました。高校・大学などの入学試験や模擬試験など、各種の試験で用いられる「偏差値」も、そのような変換の一種です。偏差値は、データの平均が50に、標準偏差が10（分散が100）になるようにデータを変換したものです。偏差値は、一度標準化した試験のデータについて、さらに10倍して50を足すことで得られます。

ところで、正規分布では、標準偏差 σ が需要な役割を持っており、平均から σ がプラスマイナス1つ分の範囲にデータが属する確率が68.3%であることなどについてはChapter.3のSection.5で説明しました。

これを踏まえると、試験の成績（点数）の分布が正規分布にほぼ従うとみなせる場合には、

・偏差値が40から60の範囲に含まれるデータは68.3%
・偏差値が30から70の範囲に含まれるデータは95.4%
・偏差値が20から80の範囲に含まれるデータは99.7%

などであることがわかります。

偏差値は、様々なテストのデータを同じ中心と広がりを持つ形に変換することで、それらを比較しやすくすることを目的に計算されるものですが、平均を50にすることなどの必然性は特にないようです。

偏差値

偏差値は、データの
- 平均が50
- 標準偏差が20

になるように変換したものです。

$$データの標準化：\frac{データの各要素－平均}{標準偏差}×10＋50$$

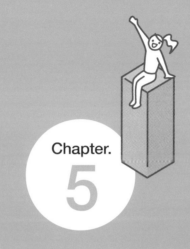

Chapter.

5

統計的仮説検定

統計的仮説検定の考え方

前Chapterでは、推測統計について解説しました。母集団から標本を抽出して推定するものでしたが、結果は主観的な判断になるということもわかりました。
そのため、共通の結論を導き出すための手法も理解する必要があります。
ここでは、ある仮説が統計学的に成り立つかどうかを検証する統計的仮設検定について解説します。

確率・統計に基づく背理法

あるデータが観測された場合に、そこから何がしかの主張を示したいことがあります。例えば、実験に同意した被験者による投与・治療のデータを用いて、薬・ワクチン・治療法などが特定の病気に有効であることを示したい場合、などが考えられます。このような場合に用いられるのが「統計的仮説検定 (statistical hypothesis testing)」です。数学における命題の証明方法のひとつに、「背理法 (proof by contradiction)」というものがあります。統計的仮説検定は、この背理法を、データと確率・統計の考え方を用いて行う手法であるといえます。

背理法は、例えばある命題が正しいことを示したい場合に、正しいことを直接に証明することが困難であるときに用いられます。つまり、逆に命題が正しくないと仮定して、数学的な議論を進めます。その結果、途中の議論の過程に問題がないにもかかわらず、矛盾が導かれてしまった場合に、勝手に置いた（誤っているという）仮定が誤っているということで、その仮定を採用せず、命題が正しいと結論付ける手法が背理法

です。

■ 採用されずに捨てられる帰無仮説

統計的仮説検定では、例えばある主張が正しいことをデータから示したい場合に、背理法と同じようにあえてその主張が正しくないという仮説を考えます。これは背理法の仮定のように、最終的には採用されずに棄てられることを前提に置かれる仮説なので、「帰無仮説 (null hypothesis)」という名前が付いています。示したい仮説は「対立仮説 (altanative hypothesis)」といいます。

そして、帰無仮説の下で、データから（問題ごとに提案されている）各種の「検定統計量 (test statistics)」を計算します。もし、観測されたデータから、そのような検定統計量の結果が算出される確率が著しく低いという結果が得られた場合に、普通に観測して得られたデータからそのようなことが起こる可能性は低いということで、帰無仮説を捨て（棄却）、対立仮説の方の主張を採用します（採択）。

仮説検定では、帰無仮説が棄却されないことをもって、その帰無仮説を積極的に採用するというのは望ましくないこととされます。それは、データが帰無仮説を棄却できるほどに十分な根拠・証拠とならなかったということを意味するのであり、このことから、帰無仮説については何もいえず、結論できないことになります。

ただし、例えば、t検定の前提となる分散比の検定のように、データから積極的に帰無仮説が棄却されないことをもって、使っても大きな問題はないというように消極的に帰無仮説を採用する考え方もあります（分散比についてはSection.5を参照）。これは、分野の伝統的な考え方や先行研究・先行事例などにもよります。

統計的仮説検定（背理法との対比）

背理法の例

ある命題が<u>正しい</u>ことを示したい（証明したい）

命題が<u>正しくない</u>と
<u>仮定</u>して議論を進める

命題が<u>正しい</u>ことを
直接に示すのが<u>困難</u>

<u>矛盾</u>が
生じた

→　命題が<u>正しくない</u>
という<u>仮定</u>が誤り

正しい議論をしたに
もかかわらず…

命題は<u>正しい</u>と結論

統計的仮説検定（背理法との対比）

仮説検定の例

**ある統計的な主張が正しいことを
データから示したい**

DATA

主張が正しくない
という仮説（帰無仮説）

主張が正しい
という仮説（対立仮説）

**データからその
ような検定統計
量の結果が
得られる確率は
著しく低い**

データと帰無仮説の
下で「検定統計量」
を算出

帰無仮説を棄却

主張は正しいと結論

🌙 **キーワード** 仮説検定

仮設検定とは、ある仮説についてそれが正しいか誤っているかを統計学的に検証するための方法です。仮説の種類によって手法が異なります。

第Ⅰ種の過誤と第２種の過誤

前Sectionでは、データから検定統計量を算出し、そこから求められる確率が低い場合に
帰無仮説を棄却するという統計的仮説検定の考え方について説明しました。
しかし、低い確率でも起こる可能性があるため、
過誤の確率が小さくなるような考え方も必要になります。

過誤の種類

帰無仮説を棄却するという統計的仮説検定の考え方は、確率の低い事象が実際に起こったという可能性もゼロではないので、実際に起こった場合には結論は誤っていることになります。仮説検定において仮説を棄却してしまうことを過誤といい、第Ⅰ種の過誤（Type I Erroe）と第２種の過誤（Type II Erroe）があります。第Ⅰ種の過誤は帰無仮説が正しいにもかかわらず、それを棄却してしまうという誤りで、第２種の過誤は帰無仮説が正しくないにもかかわらず、それを棄却しないという誤りです。第Ⅰ種の過誤と第２種の過誤は、どちらかの誤りの起こる可能性を低くしようとすると、他方の起こる可能性が高まるというトレードオフの関係にあります。

■ 有意水準の設定

統計的仮説検定については、どの程度確率が低ければ「稀な」ことであると判断するのかという問題もあります。伝統的な統計的仮説検定の理論では、第Ⅰ種の過誤の起こる確率を一定の値以下に抑えた上で、第２種の過誤の確率がなるべく小さくなるような検定方式を考えることになります。第Ⅰ種の過誤の起こる確率のことを「有意水準（significance level）」といいます。つまり、検定統計量が得られる確率が有意水準よりも小さい場合には、それが稀な事象であるとして、帰無仮説を棄却することになります。

有意水準は、仮説検定を行う前に、事前に決めておく必要があります。有意水準をどの程度の値に設定するかについては特に定まっておらず、分野にもよりますが、先行研究や過去の事例などから、0.01や0.05といった値が用いられることが多いようです。

なお、帰無仮説が棄却されないことをもって、この帰無仮説の主張を積極的に認め、採択することは望ましくありません。それは、データに帰無仮説を棄却するだけの力がなかった、証拠が乏しかったということであり、帰無仮説について何か反論するだけの根拠・証拠がなかったために採択もできなかったということになりますので、この点に注意が必要です。

第1種の過誤と第2種の過誤

第1種の過誤

帰無仮説が<u>正しい</u>にもかかわらず、それを<u>棄却</u>してしまうという誤り（あわて者の誤り）

第2種の過誤

帰無仮説が<u>正しくない</u>にもかかわらず、それを<u>棄却しない</u>という誤り（ぼんやり者の誤り）

有意水準

- 第1種の過誤と第2種の過誤はトレードオフの関係

第1種の過誤　　　　　　　　　　第2種の過誤

- 統計的仮説検定では、まず、<u>第1種の過誤の生じる確率</u>を一定値以下に抑えることを考える

有意水準

🥧 **キーワード**　有意水準

有意水準とは、統計的仮設検定において帰無仮説を設定したときに、その帰無仮説を棄却するかどうかを決めるための基準となる確率のことです。

Section. 3 パラメトリック検定と ノンパラメトリック検定

統計的仮説検定では、主張したい内容に応じて、どのような検定統計量を作ればよいかという問題があります。その際に重要となるのが、観測されるデータの母集団としてどのような分布を仮定するかという点です。ここでは、特定の分布を仮定する方式と仮定しない方式について解説します。

パラメトリック検定

母集団の分布（母集団分布）に特定の分布を仮定する、統計的仮説検定の方式を「パラメトリック検定（parametric test）」といいます。

パラメトリック検定では、データの性質に応じて、正規分布や二項分布、ポワソン分布などの母集団を設定します。そして設定された母集団と、仮説検定を実施したい問題の内容に合わせて様々な種類の検定統計量（検定方式）が考案されており、問題に応じて使い分けられています（具体的なパラメトリック検定の例については、Section.4、5を参照）。

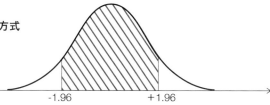

パラメトリック検定

- 母集団分布に特定の分布を仮定する検定の方式
- 母集団の特性に応じて正規分布、
  二項分布などの分布が用いられる

-1.96　　　　+1.96

ノンパラメトリック検定

　母集団の分布に特定の分布を仮定しない、統計的仮説検定の方式を「ノンパラメトリック検定（nonparametric test）」といいます。

　ノンパラメトリック検定は、母集団の特性・性質が不明で母集団を設定できない場合や、問題の性質から原理的に母集団分布を想定し得ない場合などに用いられます。母集団について何も仮定を置かないので、情報量が少なく一般にパラメトリック検定よりも検定の性能が劣りますが、問題と検定統計量によっては性能がそれほど落ちない場合もあります。データの各要素を小さい順に並べた場合にどの要素が何番目に来るか、といった順位を用いる検定「順位検定（Rank test）」などがよく用いられます。

　そのほか、パラメトリック検定とセミパラメトリック検定なども考えられており、近年においても、扱うことのできるデータの種類やボリューム、計算機の能力の向上、確率統計分野の新たな知見などに応じて、様々な検定の方法が開発されています。

> **ノンパラメトリック検定**

- 母集団分布に特定の分布を仮定しない検定の方式
- データの順位を用いるものなどがある

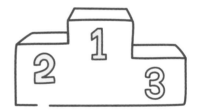

> 🌑 **キーワード**　セミパラメトリック検定

セミパラメトリック検定は、パラメトリック検定とノンパラメトリック検定の中間的な方式で、これらの良い点を取り入れ、欠点を改善するような方式です。

Section. **代表的な検定①**
4

平均値の差の検定

統計的仮説検定では、問題に対して、具体的にどのような検定統計量を構成すればよいか
ということが重要です。統計的仮説検定は様々な問題について応用されており、
同じような問題でも、多様な検定統計量が考案されています。
ここでは、2つのグループの差について検定する問題を考えることにします。

t検定の仮説

検定統計量について、2つのグループに差があるか
ということを検定する問題を考えます。例えば、ワク
チンを投与したグループと投与していないグループに
ついて、その後の症状に差があった場合に、それが意
味のある差なのか（症状が改善されたのはワクチンに
効果があったからなのか）を検定したい場合などが考
えられます。

この場合によく用いられているのが、平均値の差に
関する「t検定（t test）」です。この検定では、帰無
仮説と対立仮説を設定します。

・**帰無仮説**：
2つのグループの平均値に差がない
・**対立仮説**：
2つのグループの平均値に差がある（差の絶対値が
0より大きい）

その上で、以下のようなt統計量の式を基に、検定
を行います。

$$t = \frac{\overline{x_1} - \overline{x_2}}{\sqrt{s^2\left(\frac{1}{n_1} + \frac{1}{n_2}\right)}}$$

$$\left(s^2 = \frac{(n_1-1) \times s_1{}^2 + (n_2-1) \times s_2{}^2}{n_1+n_2-2}\right)$$

ここで n_1, n_2 は各グループに属する要素の数、
$\overline{x_1}, \overline{x_2}$ は各グループの平均を表しています。また、
s^2 は、2つのグループを合わせて1グループにした
場合の分散を表しています。s^2 の分母の n_1+n_2-2
は「自由度（degree of freedom）」と呼ばれる量で、
実質的なサンプルの数を表しています。

t総計量の式の形は複雑に見えますが、分子は2つ

のグループの平均の差であり、これらの差が小さいほど全体の量も小さくなります。また、単位などのスケールを調整するために、s^2 の平方根で割っています。これにより、標準的な t 分布の確率に関する数表が使えます。

　後は、適当に有意水準を定め、数表などから、観測されたデータに基づいて計算した前ページの t 統計量の結果が得られる確率を求め、それが事前に設定した有意水準よりも小さければ、帰無仮説（差がない）を棄却します（統計的に意味のある差であると結論）。

平均値の差の t 検定を適用するためには、

(1)どちらのグループでもデータが正規分布に従っている
(2)2つのグループの母分散が等しい

という2つの仮定を満たす必要があります。

　これらの仮定が満たされない場合にも、ある種の近似を行うことで、t 検定を適用する方法などが考案されています。

---

t検定の仮説

母平均の差に関する検定

● 2つのグループについて、それぞれの母平均の間に差があるといえるか？
⇒ 平均の差に関する「t 検定」

$$t = \frac{\overline{x_1} - \overline{x_2}}{\sqrt{s^2\left(\dfrac{1}{n_1} + \dfrac{1}{n_2}\right)}}$$

$$\left(s^2 = \frac{(n_1 - 1) \times s_1{}^2 + (n_2 - 1) \times s_2{}^2}{n_1 + n_2 - 2}\right)$$

※「s_1」と「s_2」の定義は
次の Section を参照

- 2つの仮定を満たす必要がある
  (1) どちらのグループでもデータが正規分布に従っている
  (2) 2つのグループの母分散が等しい

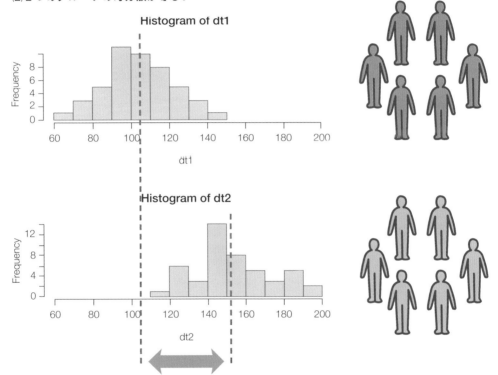

2つのグループの平均の差は統計的に意味のある差だといえるか?

Section.
5

代表的な検定②

分散比の検定

Section.4 では平均値の差の t 検定を適用するためには、
どちらのグループでもデータが正規分布に従っている、2つのグループの母分散が等しい、
という2つの仮定を満たす必要があると説明しました。
ここでは、2つのグループの母分散が等しいという過程を検討する方式について解説します。

分散比に関する F 検定

　2つのグループに差があるかということに関する平均値の差の t 検定を適用するためには、(1)どちらのグループでもデータが正規分布に従っている、(2)2つのグループの母分散が等しい、という2つの仮定を満たす必要があります。このうち(2)の等分散の仮定のように、2つのグループの母分散が等しいかどうかを検定する方式が、分散比に関する F 検定です。

　分散比に関する F 検定では、以下のような F 統計量の式を基に、検定を行います。

$$F = \frac{s_1^2}{s_2^2}$$

$$\left(s_1^2 = \frac{\sum_{i=1}^{n_1}(X_i - \overline{X})^2}{n_1 - 1} \quad s_2^2 = \frac{\sum_{j=1}^{n_2}(Y_j - \overline{Y})^2}{n_2 - 1} \right)$$

　ここで n_1, n_2 は各グループに属する要素の数、$\overline{x}_1, \overline{x}_2$ は各グループの平均を表しています。また、

s^2 は、2つのグループを合わせて1グループにした場合の分散を表しています。分母の $n_1 - 1, n_2 - 1$ は「自由度（degree of freedom）」と呼ばれる量で、実質的なサンプルの数を表しています。

　t 統計量の式の形は複雑に見えますが、標本から得られる分散の比を計算しています。F 検定も、詳細な数表が作られており、適当に有意水準を定め、数表などから、観測されたデータに基づいて計算した F 統計量の結果が得られる確率が、設定した有意水準よりも小さければ、帰無仮説（分散が等しい）を棄却します。

　分散が等しいという帰無仮説を棄却できない場合、本来は、帰無仮説については何もいえないことになります。しかし、データの量や偏りなどに問題がない場合は、t 検定における母分散が等しいという仮定を強く否定する（帰無仮説を棄却する）ほどの証拠はなかったということであり、これを基に t 検定を行うことがあります。

母分散の比に関する検定

- 2つのグループについて、それぞれの母分散（ばらつき）が等しいといえるか？⇒

  分散比に関する「F検定」

$$F = \frac{s_1^2}{s_2^2}$$

$$\left(s_1^2 = \frac{\sum_{i=1}^{n_1}(X_i - \overline{X})^2}{n_1 - 1} \qquad s_2^2 = \frac{\sum_{j=1}^{n_2}(Y_j - \overline{Y})^2}{n_2 - 1} \right)$$

2つのグループの分散は等しいといえるか？
（同じ分散の正規分布から観測されたデータなのか？）

Section. 6　適合度の検定

適合度検定とは、測定したあるデータの比率と理論上に想定したデータの比率の差について
検証する手法をいいます。実際の数値と理論上の数値の差を比較し、
検定するための統計量を求めます。
ここでは、カイ二乗分布を利用して、検証方法を具体的に見ていきます。

データが想定する分布に従っているか

　データを生み出しているようなある分布を想定する場合に、観測されたデータがその分布から発生しているといえるか、という点が問題になる場合があります。このような場合に用いられるのが、分布の適合度に関する検定です。

　観測データを整理して、階級ごとに分けた度数分布表に表すことができたとします。度数分布表には、あ

る階級にいくつの観測値があるかがまとめられています。そして、理論上想定される分布がある場合には、度数分布表で定義した階級の中に、総数をnとして観測データがどのような割合で入るかを理論的に計算することができます。それらをまとめたのが、以下の表です。

階級	E_1	E_2	$\cdots$	E_k	計
観測度数	X_1	X_2	$\cdots$		n
論理度数	np_1	np_2	$\cdots$		n

　この表から、観測度数と理論度数との差を比較し、検定するための統計量が、以下の適合度に関するカイ二乗統計量になります。

$$x^2 = \frac{\sum_{i=1}^{k}\left(X_i - np_i\right)^2}{np_i}$$

　やや複雑な形をした式ですが、確率の理論などから、この式が、データの総数が大きい場合には、自由度が（階級の数から1を引いた）k-1のカイ二乗分布に従うことが示されています。

これを利用して、帰無仮説が"観測度数が理論確率分布に適合しているか"に関するカイ二乗検定を行うことができます。カイ二乗分布も、自由度を考慮した詳細な数表が作られており、このような数表等を用いて統計的仮説検定を行うことができます。

適合度の検定

● 観測されたデータが、ある特定の分布（正規分布、ポワソン分布など）に従っているといえるか？

階級（クラス）	度数
60 以上 70 未満	1
70 以上 80 未満	3
80 以上 90 未満	5
90 以上 100 未満	11
100 以上 110 未満	10
110 以上 120 未満	8
120 以上 130 未満	5
130 以上 140 未満	3
140 以上	1
総計	47

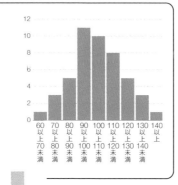

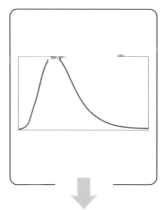

階級	E_1	E_2	$\cdots$	E_k	計
観測度数	X_1	X_2	$\cdots$		n
論理度数	np_1	np_2	$\cdots$		n

● 観測度数（観測データの度数分布表）と、理論度数（理論的な分布から求める）とを表にまとめる

Chapter.5 統計的仮説検定

Section.6 適合度の検定

● **表からカイ二乗統計量を算出し、検定を行う**

階級	E_1	E_2	⋯	E_k	計
観測度数	X_1	X_2	⋯		n
論理度数	np_1	np_2	⋯		n

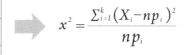

$$x^2 = \frac{\sum_{i=1}^{k}(X_i - np_i)^2}{np_i}$$

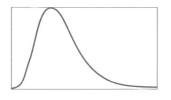

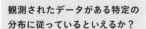

観測されたデータがある特定の
分布に従っているといえるか？

階級（クラス）	度数
60 以上 70 未満	1
70 以上 80 未満	3
80 以上 90 未満	5
90 以上 100 未満	11
100 以上 110 未満	10
110 以上 120 未満	8
120 以上 130 未満	5
130 以上 140 未満	3
140 以上	1
総計	47

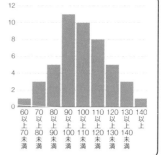

🔵 キーワード 度数分布表

度数分布表とは、データの各要素の値を適当な区間（○○以上○○未満）で分割し、それぞれの区間に属する
要素の数をカウントした表のことをいいます。

ワクチンの有効性の評価（二重盲検法）

　ワクチンや薬などの有効性を検証する際に、統計的仮説検定の考え方が用いられています（2つのグループの平均の差に関する検定など）。これは、病気にかかった患者を、ワクチンを投与するグループとそうでないグループに分けて、その後の経過を観察し、症状の改善などに差が見られるかを検定するものです。このとき、注意すべき点がいくつかあります。

　まず、ワクチンなどの投与に関する心理的な効果の影響です。こうしたことを考慮せずにグループ分けをすると、自分がワクチンを投与されたのか、何もされていないのかが、患者自身がわかってしまう場合があります。その際に、ワクチンを投与されたということ自体に関する心理的な効果で、ワクチン自体に有効性はなくとも症状が改善してしまう可能性があります。そのため、こうした検定の際には一般的に、患者がどちらのグループに属しているかを隠すために、ワクチンを投与しないグループに対しては、偽薬（プラセボ）という偽の処置を施すことが一般的です。

　また、患者だけに隠しても、偽薬かそうでないかを知っている医師が慎重に投与しているかどうかなどの行動によって、患者が自身の属するグループに気が付いてしまう可能性もあります。そこで、投与する医師についても、一般に、どちらが偽薬かを隠す処置が行われます。このように患者と医師の双方に「目隠し」をする検定の方式を、「二重盲検法（double blind test）」といいます。

　このほか、2つのグループの患者の属性（性別・年齢・喫煙習慣など）をなるべく揃えたり、それらの影響を除くための統計的な処理をしたりと、様々な措置が講じられ、更に十分な数の患者に対して何度もテストを行うことによって、ワクチンの有効性が評価されることになります。

ワクチンの有効性の評価

- ワクチンを投与したグループとそうでないグループとで、その後の症状に差があるか（改善が見られたか）を検定
- ワクチン投与の心理的効果の問題を回避するために偽薬（プラセボ）を用いる
- ワクチンを投与する医者の行動にも差が出ないように、医者にもどちらがどのグループであるかを隠す：
  二重盲検法（double blind test）

ワクチンの有効性の評価

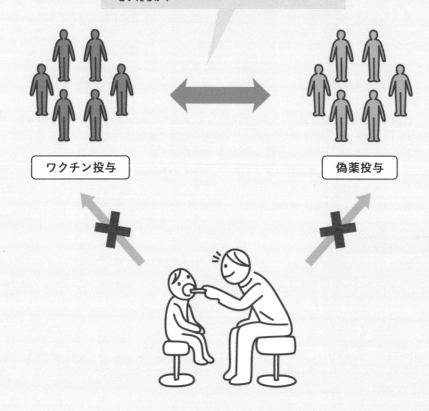

- ワクチンを投与したグループとそうでないグループとで、その後の症状に差があるか（改善が見られたか）？
- 2つのグループの平均の差は統計的に意味のある差だといえるか？

ワクチン投与

偽薬投与

Chapter.

6

機械学習とモデリング：
教師あり学習

Section. 1　教師あり学習の基本的な考え方

**人間や動物が学習する能力と同様のことをコンピューターに学習させる
データ解析手法を機械学習といいます。機械学習におけるアルゴリズムの
学習方法は大きく分けて、「教師あり学習」、「教師なし学習」、「強化学習」の
3つの方式があります。ここでは、正解・不正解がわかっているデータを基に
学習を行う「教師あり学習」について解説します。**

正解のあるデータで学習し、予測する

機械学習（machine learning）におけるアルゴリズムの学習方法は大きく分けて、「教師あり学習（spervised learning）」、「教師なし学習（unsupervised learning）」、「強化学習（reinforcement learning）」の3つの方式があります。「教師あり学習」は、正解がわかっているデータを基に学習を行う方式です。この正解がわかっているデータは、ラベル付きデータや訓練データと呼ばれます。

こうして学習したアルゴリズムを基に、正解のわかっていない未知のデータについて、そのラベルを予測することになります。教師あり学習のタスクの例としては、以下のようなものがあります。

・過去の売上から将来の売上を予測したい
・与えられた画像が何の動物かを識別したい
・英語の文章を日本語の文章に翻訳したい

■ 教師あり学習の回帰と分類

「教師あり学習」はさらに、対象とするデータの性質によって、「回帰（regression）」の問題と「分類（classification）」の問題に分けることができます。

「回帰」では連続値のデータ（連続した数値、気温や株価、売上高など）について、その値を予測する問題を扱います。

「分類」では、答えが離散値（とびとびの値、動物の種類、学年、0～9までの手書きの数字など）の場合に、その中のどのカテゴリに属するかを予測する問題を扱います。

以降のSectionでは、「回帰」や「分類」の問題を解くための様々な機械学習のアルゴリズムについて紹介していきます。

教師あり学習（supervised learning）

・ラベル付きデータ
・訓練データ

- 正解／不正解がわかっている データを基に学習
- 学習結果を基に、未知のデータに対して予測

《教師あり学習の例》
- ☑ 過去の売上から将来の売上を予測したい
- ☑ 与えられた画像が何の動物かを識別したい
- ☑ 英語の文章を日本語の文章に翻訳したい

回帰

- **答えが連続値**

※連続した数値
※大小・順序に意味がある
※答えがどのような値でもよい

【例】
- ☑ 気温
- ☑ 人口
- ☑ 株価、売上、需要…

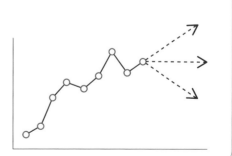

分類

- 答えが離散値

　　※連続した数値ではない
　　※大小・順序に意味がない
　　※答えの数が限られている

【例】

☑ 犬／猫／猿／馬…

☑ 小学生／中学生／高校生…

☑ 0〜9

☑ 単語[英語] ⇒ 単語[日本語]

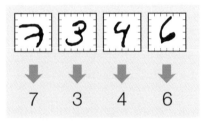

🔑 **キーワード**　　機械学習

機械学習とは、人間や動物が経験を通して自然に学習することをコンピューターに学習させるデータ解析手法です。例えば、メールの自動仕分けや顔認証などの技術があります。「教師あり学習」のほか、「教師なし学習」（正解がわかっていない状態で学習させる方式）、「強化学習」（価値を最大化するような行動を選択させる学習方式）があります。

Section. 2 回帰分析

「教師あり学習」での「回帰」では連続値のデータについて、その値を予測する問題を扱います。
ここでは、データに直線や平面を当てはめて、予測のためのモデルを構築する
線形回帰分析について解説します。
線形回帰分析には、単回帰モデルと重回帰モデルがあります。

線形回帰分析で予測する

「回帰分析（regression analysis）」は、連続値の
データを対象とした分析であり、ある変数を用いて、
他の変数を予測するようなモデルを作ることを目的と
しています。その中でも「線形回帰分析（linear
regression analysis）」は、データに直線や平面を当
てはめることにより、予測のためのモデルを構築する
手法です。

■ 単回帰モデルと重回帰モデル

ここでは、アイスの売上高の予測に関する例を取り
上げます。気温とアイスの売上高の2つの変数の組合
せに関する散布図（横軸が気温、縦軸がアイスの売上
高）を作成したとき、気温が高い（暑い）ときほど、ア
イスの売上高も高いという傾向が見られたとします。

このとき、予測に用いられる変数が1つの場合の回
帰モデルを「単回帰モデル（simple regression
model）」といいます。また、予測に用いられる変数
が複数ある場合は、「重回帰モデル（multiple
regression model）」といいます。

気温のみを用いたモデルは「単回帰モデル」であり、
気温と売上高の関係を表す直線をデータに当てはめて
予測を行います。気温と湿度を用いてアイスの売上高
を予測するモデルは「重回帰モデル」であり、データ
に当てはまるような平面を求めて、これを予測に用い
ます。

予測に用いる変数の数が3つ以上になると、それら
と予測したい変数との関係を図に表すことはできませ
んが、考え方としては同様です（多次元の平面〈超平
面〉をデータに当てはめる）。

線形回帰モデル（単回帰モデル）

【例】アイスの売上予測

- 気温が高い（暑い）ほど
  アイスがよく売れる

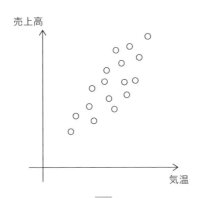

データと直線の差
（誤差）の二乗の
和が最小になるよ
うな直線を求める
（最小二乗法）

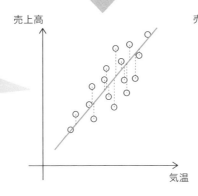

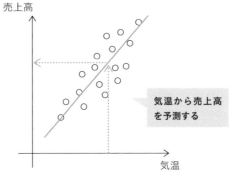

気温から売上高
を予測する

線形回帰モデル（重回帰モデル）

【例】アイスの売上予測

- 気温が高い（暑い）
- 湿度が高い ⇒ よく売れる

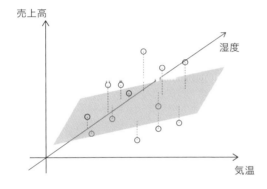

データに最も沿う
（当てはまる）
平面を探す

⇒データと平面の差（誤差）の
二乗の和が最小になるような
平面を求める

🌙 **キーワード**　**モデル**

機械学習においてのモデルとは、入力データの内容に対して何らかの評価をし、値として出力する仕組みのことです。

^{Section.}

③ 判別分析

ここでは、データを判別する手法について解説します。
判別分析は、いくつかのグループに分かれているデータから、新たなデータが
どのグループに分類されるのかを判別するための手法です。
この手法は、医療や製造業、情報通信など、多くの分野で利用されています。

グループのデータを分類させる

「判別分析（discliminant analysis）」は、データがいくつかのグループに分かれている場合に用いられる手法であり、訓練データから、それらのグループを分けるような境界を学習し、その結果を基に、未知のデータがどのグループに属するかを判別するための手法です。

このうち、「線形判別分析(linear discriminant analysis)」は、訓練データを基に、データを2つ以上の領域に分けるような直線・平面（判別関数）を学習する手法であり、学習した直線・平面を基に、新たなデータがどの領域に分類されるのかを予測するのに用いられます。

「線形回帰分析」は、R.A.Fisher が考案した古くからある手法であり、企業の財務指標を用いて倒産の予測を行うアルトマン・モデルなどの応用例があります。このほか、判別分析は、医療における病気の診断や、製造業における良品・不良品の判断、迷惑メールの仕分けなど、多くの分野で用いられています。

> ● キーワード　訓練データ
>
> 訓練データとは、機械学習でデータのパターンを学習するために使用するデータのことをいいます。学習データともいいます。

線形判別分析（linear discriminant analysis）

- 統計学で古くからある手法 （1930年代〜：R. A. Fisher ）
- **訓練データ**を基に、データを**2つ以上の領域**に分けるような
  直線・平面（判別領域）を学習
- 学習した直線（平面）を基に、**新たなデータ**がどの領域に分類されるのか、を予測
- 線形の直線・平面でデータを分類、判別

※企業財務指標による倒産予測モデル（アルトマン・モデル）

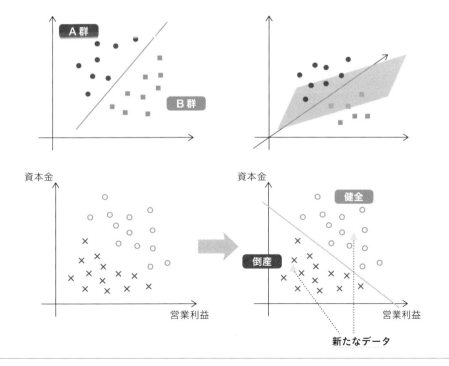

判別分析の例

- **医療**：
  ⇒病気の診断

- **製造**：
  ⇒良品・不良品の判断

- **情報通信**：
  ⇒迷惑メール（スパムメール）の判断

- **金融**：
  ⇒倒産やデフォルトの可能性の判断

Section. 4 ロジスティック回帰分析

回帰分析では連続するデータを対象としますが、
変数が２つしかない場合は線形回帰モデルを利用すると不具合が生じます。
この場合は、曲線をデータに当てはめる「ロジスティック回帰分析」
を利用します。ロジスティック回帰モデルは、企業の倒産確率の推定に
用いられるなど、様々な分野で利用されています。

０と１の変数で予測する

　データに基づいた予測を行うモデルを構築する際に、データによっては、予測したい変数が０と１など、２つの値だけしかとらないような場合があります。このような場合に用いられるのが、「ロジスティック回帰分析 (logistic regression analysis)」です。

　このようなデータに線形回帰モデルの手法で直線や平面を当てはめた場合、０と１しかとらない変数について、その予測値が０より小さく、あるいは１より大きくなってしまう可能性があります。そこで、ロジスティック回帰分析では、０から１の範囲に収まるような曲線（ロジスティック回帰モデル）をデータに当てはめます。

■ １の値をとる確率を求める

　いったんロジスティック回帰モデルをデータに当てはめると、今度はそのモデルを用いて、未知のデータが１の値をとるような確率を求めることができます。これは、予測値は０から１までの範囲の値となるので、これを確率と解釈することができるためです。このようなモデルについて、予測したい変数が２つの値（０と１など）をとる場合には「２項ロジスティックモデル (binomial logistic model)」、３つ以上の場合には「多項ロジスティックモデル (multinomial logistic model)」といいます。

　ロジスティック回帰モデルは様々な分野で活用されており、例えば金融分野では、企業が債務不履行を起こしたり、倒産したりする確率の推定に用いられています。

ロジスティック回帰モデル

- なぜ曲線を用いるのか⇒予測結果を0から1の範囲に限定するため

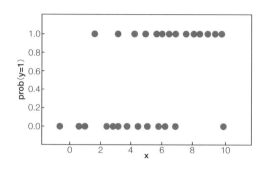 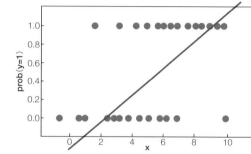

直線だと0〜1の範囲からはみ出してしまう

🔵 **キーワード** <u>ロジスティック回帰分析</u>

ロジスティック回帰分析とは、いくつかの説明変数（要因）から目的変数（2値の結果）が起こる確率を予測する統計手法です。このときの「2値」は「合格／不合格」「効いた／効かない」「反応あり／なし」のような2つしかない値のことです。

- 二値（0,1）変数に0～1の曲線を当てはめる
- 推定した曲線を基に確率を求め予測を行う

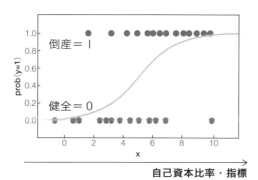

（重回帰モデル用に、
複数の変数を予測に
利用することも可能）

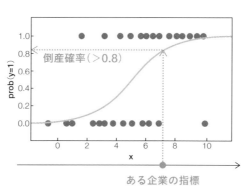

Section. 5 サポートベクトルマシン

ここでは、機械学習の分類の手法である、2つのグループをマージン最大の境界で分ける「サポートベクトルマシン」について紹介します。この2つのグループを分ける際のマージンの設定方法についても解説します。さらに、データが直線や平面で分離できる場合、できない場合の対処についても説明します。

マージンの最大の境界を設定する

　判別する境界とデータとの距離のことを「マージン(margin)」と呼びます。「サポートベクトルマシン(support vector machine)」は、2つのグループをマージン最大の境界で分ける方法で、分類の問題に対する手法です。サポートベクトルマシンはマージンを最大にするような境界を設定しますが、マージン最大の境界に最も近いデータのことを「サポートベクトル(support vector)」と呼びます。

　2つのグループにデータが完全に分かれることを前提として、マージンを最大にするような境界を設定する方法を「ハードマージン(hard margin)」といいます。ただし実際は、データを2つのグループに完全に分類できる境界を設定することは困難であり、ある程度の分類誤りを許容し、正しく区分できないデータにペナルティを課して、マージン最大の境界を求めるこ

とが考えられます。このような方法を、「ソフトマージン(soft margin)」といいます。

■ 線形分離が可能か

　データが直線や平面で分離できる場合、このデータを「線形分離可能」といいます。しかし、直線や平面では分類できないようなデータも多くあり、このようなデータを「線形分離不可能」といいます。線形分離不可能な場合に、「カーネル(kernel)」という特殊な関数を用いて、データをより高次元に写し、線形分離可能な形にしてサポートベクトルマシンを適用することが考えられます。このとき、計算が複雑になるのを防ぐ式変形のテクニックを「カーネルトリック(kernel trick)」といいます。

- **2つのグループを**マージン最大の境界**で分ける方法**

  （サポートベクトル：マージン最大の平面・曲面に最も近いデータ）

  （マージン：判別する境界とデータとの距離）

- **実際は、平面・曲面での**完全な分類**は**困難

  ⇒ある程度の分類誤りを許容

  ⇒正しく区分できないデータにペナルティを課して、

  　マージン最大の平面・曲面を求める（ソフトマージン）

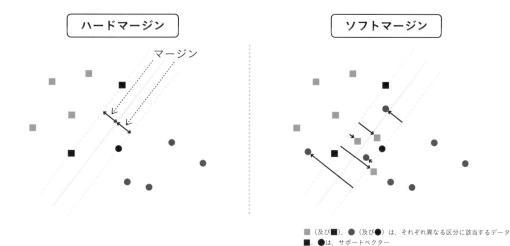

ハードマージン　　　　　　　　　ソフトマージン

マージン

■（及び■），●（及び●）は，それぞれ異なる区分に該当するデータ
■，●は，サポートベクター

🌑 **キーワード**　　カーネル関数

カーネル関数とは、データに非線形写像を施し、それを新しいデータとみなして線形な手法を適用する処理のことです。

カーネルトリック

線形分離**可能**　　　　　　　　　　　　線形分離**不可能**

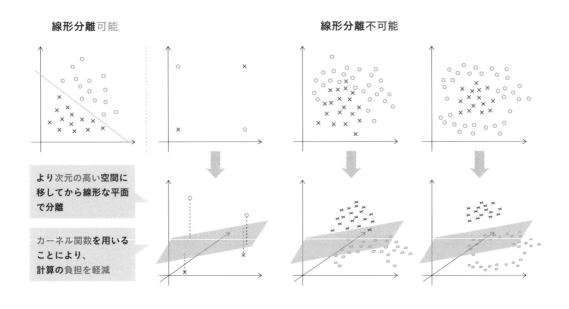

より次元の高い空間に
移してから線形な平面
で分離

カーネル関数を用いる
ことにより、
計算の負担を軽減

Section. 6 決定木

ここでは、「教師あり学習」の予測手法の1つである「決定木」について解説します。
決定木は、いくつかの分類がある場合に、与えられたデータの各要素が
どのカテゴリに属するかを予測するために用いられます。
木構造でデータを上から分類していく手法なので、予測の結果がわかりやすく、
解釈しやすのが特徴です。

Yes／No 2択での意思決定

「決定木（decision tree）」は、Yes／Noで答えられる条件によって予測を行う方法であり、「教師あり学習」の手法に分類されます。いくつかの分類（カテゴリ）がある場合に、与えられたデータの各要素がどのカテゴリに属するかを予測するために用いられます。Yes／Noの2択で意思決定を行い、事象を分類していく作業は、人間の思考プロセスに近い方法でもあり、モデルによる予測の結果がわかりやすく、結果の解釈がしやすいという特徴があります。

■ 決定木の構築としきい値の決定

決定木の構築について、以下のような例で見ていきましょう。

例えば、衣服内の温度と湿度（衣服内気候）は快適・不快に大きく影響しており、これを判断するモデルを構築したいとします（衣服内の様々な温度・湿度と人間の判定した快適・不快をセットにした日別のデータが得られているとします）。このとき、例えば温度がX度未満であれば不快、X度以上であれば快適という判断を行うとした場合、しきい値Xの値をどのように設定するかが問題となります。

この場合、YesとNoの選択肢ごとにデータを分けて、それぞれのグループ内で、快適の割合を計算するとき、YesのグループとNoのグループで、それらの割合の差ができるだけ大きくなるようにしきい値を決めることができれば、快適と不快とをある程度判別できるようなしきい値が得られます。

なお、選択肢の分岐が木の枝別れに似ているところから、決定「木」という名前が付けられていますが、普通は、下に向かって選択肢が分岐していくので、その形は、木を逆さにしたものになります。最初に分岐の行われる選択肢の部分を「根ノード（root node）」と呼び、各選択肢を「葉ノード（leaf node）」と呼ぶのは、このような状況に由来しています。

決定木とは？

- Yes ／ No で答えられる条件によって予測を行う方法（「教師あり学習」の手法）

【例】衣服内の気温・湿度と快適・不快

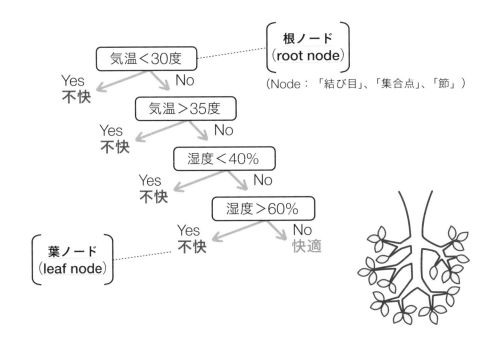

根ノード
（root node）

（Node：「結び目」、「集合点」、「節」）

気温＜30度
　Yes　　　　No
　不快

気温＞35度
　Yes　　　　No
　不快

湿度＜40%
　Yes　　　　No
　不快

湿度＞60%
　Yes　　　　No
　不快　　　　快適

葉ノード
（leaf node）

- Yes ／ No で条件を設定

  ⇒ 直線で区切る（軸に垂直な線しか引けない）（斜めには引けない）

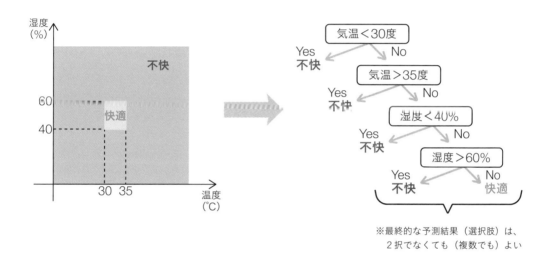

※最終的な予測結果（選択肢）は、
2択でなくても（複数でも）よい

▶ キーワード　しきい値

しきい値（閾値）は、あるデータが特定の値を超えた場合、他の処理を行わせるために利用する値のことです。最適な値を設定するのが難しいため、データ分布などを把握する必要があります。

モデルの評価①
様々な評価指標

モデルの評価には様々な評価指標があります。ここでは、陽性か陰性かの予測結果から
出される指標について解説します。
また、データの隔たりがある場合に用いられる
指標の適合率と再現率、これらを組合せたＦ値についても説明します。

陽性と陰性の予測と評価

　データを構成する要素が属するクラスが２つの場合の、分類の問題を考えることにします。このとき、２つのクラスの一方を「陽性 (Positive)」、他方を「陰性 (Negative)」と呼ぶことにします。つまり、陽性か陰性かを予測するモデルを考えることになります。ここで、予測と実際の結果について、

⑴陽性と予測して、実際に陽性であった場合（真陽性）
⑵陽性と予測して、実際には陰性であった場合（偽陽性）
⑶陰性と予測して、実際には陽性であった場合（偽陰性）
⑷陰性と予測して、実際に陰性であった場合（真陰性）

　の４つのパターンが考えられます。これらの結果をデータ全体について整理したものが、「混同行列 (confusion matrix)」です（次ページの表参照）。混同行列から計算される様々な指標によって、モデルの予測能力の評価を行うことができます。

■ データの隔たりがある場合の割合を求める

　「正解率 (Accuracy)」は、データ全体で、陽性と陰性を正しく当てているものの割合です。ただし、データに偏りがある場合、例えば1000個のデータのうち陽性が３個であった場合、全て陰性という予測をすると、正解率は99.97％になってしまいます（9997個の正解）。

　このようなことから、「適合率 (Precision)」と「再現率 (Recall)」という指標が用いられることもあります。適合率は、陽性と予測したものの中で、実際に陽性であったものの割合です。再現率は、実際に陽性であったものの中で、正しく陽性と予測できたものの割合です。適合率と再現率は一般にトレードオフの関係にあるので、これらを組み合わせた「Ｆ値 (F measure)」が用いられることもあります。

混同行列（confusion matrix）

• 実際の正解と
モデルの予測を
整理したもの

		予測	
		陽性と予測	陰性と予測
正解ラベル	実際には陽性	真陽性 （TP:True Positive）	偽陰性 （FN:False Negative）
	実際には陰性	偽陽性 （FP:False Positive）	真陰性 （TN:True Negative）

混同行列に基づく評価指標

$$\text{正解率（Accuracy）} = \frac{TP + TN}{TP + TN + FP + FN} \quad \frac{（真陽性＋真陰性）}{（全データ）}$$

$$\text{適合率（Precision）} = \frac{TP}{TP + FP} \quad \begin{array}{l}\text{「陽性と予測したもの」の中で、}\\\text{「実際に陽性であったもの」の割合}\end{array}$$

$$\text{再現率（Recall）} = \frac{TP}{TP + FN} \quad \begin{array}{l}\text{「実際に陽性であったもの」の中で、}\\\text{「正しく陽性と予測できたもの」の割合}\end{array}$$

$$\text{F値（F measure）} = \frac{2 \times 適合率 \times 再現率}{適合率 ＋ 再現率}$$

🌓 キーワード　　<u>F値</u>

F尺度ともいい、二項分類の統計分析において精度を測る指標のひとつです。適合率と再現率のバランスの
悪さを判断できます。

Section.
8

モデルの評価②
ホールドアウト検証、交差検証

モデルが適切に構築されているかを評価する際に、そのモデルがどの程度の予測能力を
持っているかを見ることが重要です。ここでは、予測能力を評価・検証する「ホールドアウト検証」と
評価ミスを防ぐ「交差検証」について解説します。

予測能力を検証する

　モデルが適切に構築されているかを評価する際に、そのモデルが一一のデータに対してどの程度の予測能力を持っているかを見ることが重要です。このような観点から、現在手元にある全てのデータをモデルの学習に使ってしまうのではなく、全データを学習用・訓練のデータ（正解ラベルが付いているデータ）と、学習を行ったモデルの評価用・テストのデータ（正解ラベルが付いていないデータ）に分けて検証します。

　訓練データで学習を行ったモデルについては、テストデータの正解を当てることができるかを評価・検証することが考えられます。このような検証方法を「ホールドアウト検証（Hold-out Validation）」といいます。

■ データの隔たりでの評価ミスを防ぐ

　ただし、データが少ない場合に、データの分割の仕方によっては、訓練データとテストデータに偏りが生じて、偶然に良い（悪い）評価になってしまうことも考えられます。

　こうしたことを防ぎ、データを有効活用するために、「交差検証（cross validation）」を利用します。全データをk個に分割して、そのうちの1つをテストデータ、残りを訓練データとして、異なる分割を行ったデータの組合せをk個作成します。それらによる各評価の平均・総合によって、全体的な評価を行うことが考えられます。このような方法を「k-分割交差検証（k-Fold cross Validation）」といいます。

> 🔵 **キーワード**　交差検証
>
> 交差検証は、データをテストデータと訓練データに分割して、訓練データの結果から分析を実施し、評価する手法で、「回帰」、「分類」で用いられます。

ホールドアウト検証

- モデルの評価：未知のデータに対する予測能力を見ることが重要
- データを、モデルの構築（学習）用の「訓練データ」と、モデルの評価用の「テストデータ」に分ける

⇒データが少ない場合に、データの分割の仕方によって偶然に
テストデータによる評価が良くなってしまう可能性がある

k- 分割交差検証

- モデルの評価のために準備したデータをk個に分割し、そのうちの１つをテストデータ、残りを訓練データとする
- モデルの学習、検証をk回繰り返し、その平均をとる

全データ		
訓練データ		テストデータ

企業のデフォルト、倒産分析

　判別分析、ロジスティック回帰分析、決定木、サポートベクトルマシンなどの、分類の問題に対応する手法は、現実に、様々な分野に応用されています。金融・ファイナンスの分野においても、これらの手法が古くから用いられています。

　実際のデータを用いた統計的なモデルの主流は、ロジスティック回帰モデルになります。ロジスティック回帰モデルでは、予測結果が0から1の値になることから、企業が倒産するかしないか、デフォルト（債務不履行、返済の遅れ）するかしないか、を予測する問題に活用されています。

　このようなモデルを使うことの利点として、審査業務の効率化に資すること、審査結果を数値で客観的に評価できること、（デフォルト確率などから求められる）リスクを考慮した金利の設定などができること、予想される損失額を推定できること、などが挙げられます。

金融・ファイナンスにおける応用

- ● **ロジスティック回帰モデルの活用**
  - ➡ デフォルト※確率の推定
    - ※債務不履行、返済の遅れ

- ● **ロジスティック回帰モデルのメリット**
  - ➡ 審査業務の効率化
  - ➡ 審査結果の数値化、客観化、標準化
  - ➡ リスクを考慮した金利の設定、商品の提案
  - ➡ 予想損失額の推定（損失額×デフォルト確率）

発見的手法：
教師なし学習

Section.
1

教師なし学習の基本的な考え方

機械学習におけるアルゴリズムの学習方法は大きく分けて、
「教師あり学習」、「教師なし学習」、「強化学習」の3つの方式があります。
Chapter.6では「教師あり学習」について見ていきましたが、
ここでは、正解がわかっていないデータを基に行う「教師なし学習」について解説します。

データの背後にある関係・構造を見出す

機械学習におけるアルゴリズムの学習方法の「教師なし学習（unsupervised learning）」は、正解がわかっていないデータを基に、そこから何らかのルールや、データの背後にある関係を見つけ出し、データの特徴を捉えるための手法です。

教師なし学習の手法としては、データの中で類似したもの同士の塊を見つけるための方法（クラスター分析、k-means法）、多次元のデータを圧縮してデータを見やすく、解釈しやすくする方法（主成分分析）などがあります。また、データを構成する要素の中で、例えば極端に大きな値をとるようなものなど、全体の傾向から外れるような特異なデータを発見するための手法なども含まれます。

🌓 **キーワード**　<u>圧縮</u>

主成分分析での圧縮とは、多数の変数を少ない変数に「置き換えて要約する」という意味です。主成分分析は、データを1～3つ程度の変数に置き換えることで、データをわかりやすくする分析手法です（Section.3参照）。

クラスタリング（clustering）

- データを特徴ごとにいくつかのグループに分ける

次元削減・次元圧縮

⇒データから重要な情報だけを抜き出し、あまり重要でない情報を削減する
⇒データの可視化、データの圧縮

外れ値・異常値 発見

⇒全体の傾向から外れた特異なデータを発見する

Section. 2 クラスター分析とk-means法

教師なし学習の手法には様々なものがありますが、データを類似するもの同士を集めて
グループに分けるクラスター分析（クラスタリング）の手法が、
データの特性を把握する上で、よく用いられます。
クラスター分析には、階層的クラスター分析と非階層的クラスター分析があります。

2つのクラスター分析

　「クラスター分析（cluster analysis）」は、「クラスタリング（clustering）」ともいい、データの各要素の持つ特徴を基に、特徴の似ているデータをグループ（クラスター）に分ける手法です。クラスター分析には、「階層的」な方法と「非階層的」な方法があります。

■ 階層的クラスター分析

　「階層的クラスター分析（階層的クラスタリング）」は、データを構成する要素の間の類似度・距離を定義し、距離の近いもの同士をまとめていくことにより、個体を複数の同質的なクラスターに分割する手法です。右ページの図では、5つの要素について、近いもの同士（2と5、4と3）をまとめてグループとし、それらのグループに近い要素を順次加えていくことにより（2と5のグループに1を加える）、クラスタリングを行っています。

■ 非階層的クラスター分析

　「非階層的クラスター分析（非階層的クラスタリング）」の代表的な手法が「k-means法（k-平均法）」です。あらかじめクラスター数を定めておき、各クラスターを代表する重心を設定し、データを構成する各要素から見て最も近い重心のグループに要素を配属させることにより、グループを構成する手法です。これは、各クラスター内のばらつきを最小にするクラスターを求めることと同じです。

> ● **キーワード**　**デンドログラム（樹形図）**
>
> デンドログラム（樹形図）は、階層的クラスタリングによるクラスター分析において、各個体がグループ化される様子を木の枝のような線で表したものです。

階層的クラスタリング

- 個体間の「類似度」・「距離」を定義しておく
- 個体を複数の同質的なクラスターに分割する手法

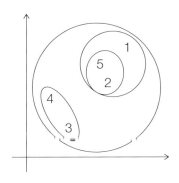

階層的クラスター分析

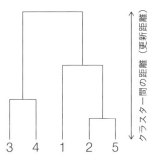

デンドログラム（樹形図）

クラスター間の距離（更新距離）

3　4　1　2　5

非階層的クラスタリング

- あらかじめクラスター数を定めておく
- 各クラスター内のばらつきを最小にするクラスターを求める方法

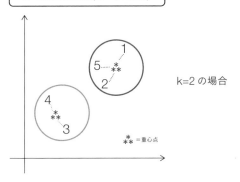

k-means 法（k-平均法）

k=2 の場合

$*$
$**$ =重心点

Section. 3 主成分分析

ここでは、教師なし学習の手法のひとつで、多次元のデータを解釈しやすくする
主成分分析について解説します。
主成分分析は、多次元のデータを縮約して合成得点を作り、データの次元を減らす
ことによりデータを図示して、見やすくすることを可能にします。

データの圧縮、見やすく解釈しやすくする

　データの持つ情報量が多すぎる場合に、それらを要約し、縮約した指標を構成して、その指標を基にデータを図示したり、その特徴を調べたりすることがあります。その際に用いられるのが、「主成分分析（Principal Component Analysis）」です。

　主成分分析は、多次元のデータ（複数の情報が組になっているもの＝ベクトル）を縮約して合成得点を作り、データの次元を2次元、3次元に減らすことによりデータを図示して、データのばらつきを見やすくすることを可能にします。

　具体的な例として、理科と数学の試験のそれぞれの得点を組にした散布図を作成する場合を考えます。数学の得点が高ければ理科の得点も高いといったように、データに概ね右上がりの傾向がある場合には、2次元（2科目）の情報を使ってデータを記述するより

も、そこに直線を当てはめ、その直線にデータを垂直に下したとき（射影）の位置を使って、1次元の情報で成績を記述することができます。このとき、元のデータの多様性をなるべく保持した合成得点を作るために、直線上にデータを射影したときの位置のばらつきが最も大きくなるように直線を定めます。

　この場合の直線は、数学と理科の情報をある割合でミックスした合成得点の形になっており、これは理系の学力を測る指標になっています。

　同様のことは、科目の数がもっと多い場合でも実行可能です。高次元でグラフに図示できないようなデータでも、主成分分析で次元を2〜3次元に落とすことにより、それらを図示してデータの傾向や構造を把握することが可能になります。

主成分分析（Principal Component Analysis：PCA）

（機械学習では「Karhunen-Loeve 展開」とも呼ばれる）

⇒できるだけ情報量が大きくなるように元のデータを合成する

⇒「ばらつき」が大きくなるような軸を探す

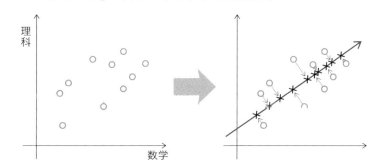

$$U = aX + bY$$

主成分　数学　理科

ばらつきが大きくなるような
a と b を求める（分散の固有ベクトル）

理系・学力

🌙 **キーワード**　射影

データを扱う場合の射影とは、特定の列のデータを抽出することをいいます。

次元圧縮のメリット

- **データの**可視化**：複雑なデータを要約**

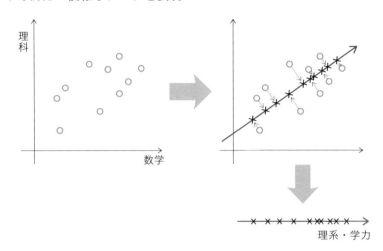

- **そもそも図示ができないデータの**可視化

	数学	国語	理科	社会
Aさん	60	85	65	85
Bさん	95	65	80	75
⋮	⋮	⋮	⋮	⋮

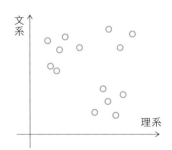

現代の読み・書き・そろばん＝「R」と「Python」

　かつては、社会に出るまでに学校で学ぶべき必須のスキルとして、「読み・書き・そろばん」が挙げられていました。現代では、計算機能力の向上やデータの入手・利用可能性の向上、スマートフォンやSNSなどの新しい機器やメディアの登場により、これらの必須となるスキルも様変わりしています。

　読み書きについては、電子書籍やワープロソフトに置き換えられている面があり、これに加えて、必要な情報を適切に検索するための検索用語の選び方や、キーボード入力以外の音声入力などの入力方法に習熟していることなどが、ビジネスや学習において、当たり前のように求められるようになってきています。

　また、かつてのそろばんや電卓に代わって、表計算ソフトやプログラミング言語を活用できる能力、さらにそれらを使ってデータからビジネスなどに役立つ様々な情報を抽出するためのスキルも求められるようになってきています。特に近年では、フリーで利用できる統計・データ解析環境や、これまでに説明したような記述統計や推測統計、教師あり・なし学習などの手法を手軽に実施できるプログラム言語の「R」や「Python（パイソン）」が、データ分析において重要な役割を果たしており、これらをうまく扱えることが、データ分析において必須となっています。

〈昔と現代の読み・書き・そろばん〉

公的統計ミクロデータ

　国の行政機関が実施した統計調査の結果については、適切な集計がなされた上で、政府統計の総合窓口（e-Stat）などを通じて、一般に利用しやすい形で提供されています（Chapter.1のコラム「データ分析に役立つウェブサイト」を参照ください）。

　こうした集計を行う前のレコード単位（世帯、企業などの個別の単位）の調査票の情報は、「公的統計ミクロデータ」と呼ばれており、個人や企業に関する秘匿性の高い機微な情報を含むことから、それらの情報の保護には万全を期する必要があります。

　一方で、公的統計ミクロデータは、集計した結果からは得られない、様々な傾向や構造に関する豊富な情報を含んでおり、諸外国ではEBPM（Evidence based policy making：証拠に基づく政策立案）などの観点から、秘密の保護に十分に配慮して、それらの活用が進められています。

　我が国においても、厳格な研究計画の審査と調査対象の秘密の保護に関する措置を十分に図った上で、許可を受けた研究者等が公的統計ミクロデータを利用できる制度があります。また、十分な情報セキュリティを確保した環境（オンサイト施設）の下で、探索的に、様々な分析を行うことのできる「オンサイト利用」の運用も開始されています。

公的統計ミクロデータ（調査票情報）

- 国の行政機関が実施した統計調査の結果について、調査対象の秘密の保護を図った上で、世帯単位や事業所単位といった集計する前の個票形式のデータ（ミクロデータ、調査票情報）を提供
- ミクロデータ（調査票情報）を用いることで、研究者の方々は、より自由で多様な分析を行うことが可能となるため、新たな発見につながることが期待される（EBPMの観点からの利用等）

ミクロデータ（調査票情報）

原数値	実数(万人,%)	対前年同月増減 (万人、ポイント)			
		6月	5月	4月	3月
15歳以上人口	11028	2	-10	-23	-42
労働力人口	6964	19	11	15	28
就業者	6785	26	15	14	15
男	3719	2	-7	-9	-21
女	3065	24	22	23	35
自営業主・家族従業者	648	-26	-9	9	-2
雇用者	6109	61	27	7	11
役員を除く雇用者	5771	64	25	6	15
正規の職員・従業員	3638	36	29	13	-8
非正規の職員・従業員	2133	28	-3	-6	23
農業、林業	195	-13	-14	-6	5
建設業	481	17	14	-10	-7
製造業	1059	14	20	38	14
情報通信業	275	-6	13	10	14
運輸業、郵便業	348	0	-5	9	7

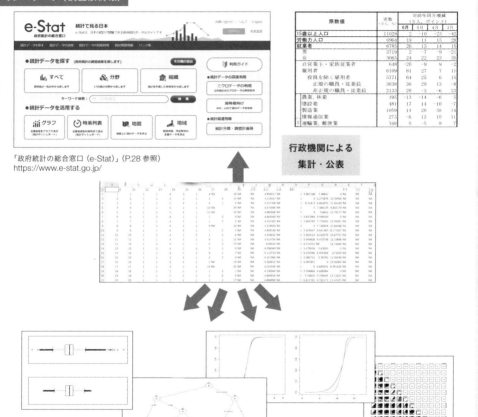

「政府統計の総合窓口 (e-Stat)」(P.28 参照)
https://www.e-stat.go.jp/

行政機関による集計・公表

ミクロデータ（調査票情報）を用いることで、より自由・多様な分析が可能

（ミクロデータ利用ポータルサイト "miripo" から引用　https://www.e-stat.go.jp/microdata/）

オンサイト利用の概要

- データの持出しができない仕組み、作業内容の監視システムなど、高度な情報安全性を備えた施設
- その場所限りで、機密性の高いデータ（統計ミクロデータ）の利用が可能
- 分析結果は、秘匿性に関する審査を受けた上で持出しが可能

データセンター　利用状況を監視

持出し不可 ✕　個人情報

審査後持出し ✓　分析結果

※高度な情報安全性の確保の上で、機密性の高い調査票情報の利活用が可能

Chapter.

8

ディープラーニング

Section.
1 # ニューラルネットワーク

近年の機械学習、AI（人工知能）等で多く用いられている技術に、
「ニューラルネットワーク（Neural Network）」というものがあります。
これは、人間の脳の仕組みの特性を模して、コンピューター上で
表現できるように作られた神経系の数学モデルです。
ここでは、ニューラルネットワークの仕組みについて解説します。

人間の脳細胞を模したモデル

　ニューラルネットワークは、人間の脳の神経細胞である「ニューロン（neuron）」を模したアルゴリズムです。人間が目や耳などから何らかの刺激を受け取ると、それらの刺激は電気信号に変換され、そうした電気信号が入力値としてニューロンに伝達されます。信号を受け取ったニューロンはそれに処理を施し、その結果が一定のしきい値を超えると、次のニューロンへと電気信号を伝えていきます。

　こうしたニューロンの働きを模したモデルが「パーセプトロン（perceptron）」です。パーセプトロンは、複数の入力を基に、それらに重み掛けて和（加重和）を計算し、その結果が一定のしきい値を超えた場合に、出力を行うモデルです。ここで、しきい値の設定や出力を行うかどうかを調整する役割を担う関数を「活性化関数（activation function）」といいます。

　このようなパーセプトロンを複数組み合わせることで、人間の脳内での複雑な電気信号の伝達の仕組みを

模倣し、より複雑なデータの処理を可能にしたものが、ニューラルネットワークです。

　ニューラルネットワークは、複数のパーセプトロンを何層にもつなげた階層構造を有しており、データを入力として受け取る部分を「入力層」、出力する部分を「出力層」、入力層と出力層の中間に配置された層を「隠れ層（中間層）」といいます。このような隠れ層があることにより、単一のパーセプトロンでは表現できなかった複雑な非線形の処理が可能となり、ネットワーク全体での表現能力が格段に向上します。

　例えば、左右対称な分布の場合には、3つの代表値は同じ値となります。しかし、極端に大きな値の要素がいくつか含まれているような分布の状況では、平均値は外れ値の影響を受けて最も大きくなり、最頻値が最も小さくなり、中央値はそれらの間の値になります。こうしたことから、代表値だけではなく、可能であれば分布の状態も併せて見ていく必要があります。

パーセプトロン

● 脳の神経細胞（ニューロン）のモデル化

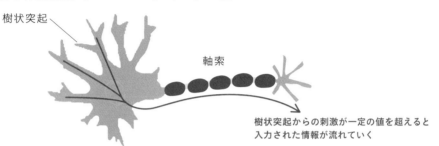

樹状突起

軸索

樹状突起からの刺激が一定の値を超えると
入力された情報が流れていく

（加重和：$x_1w_1 + x_2w_2 + x_3w_3$）直線の式

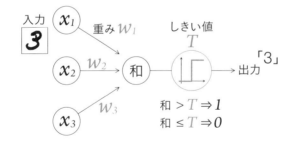

入力
3

x_1　重み w_1

x_2　w_2　和

x_3　w_3

しきい値
T

出力　「3」

和 > T ⇒ 1
和 ≤ T ⇒ 0

▶ キーワード　ニューロン

脳には多数の神経細胞があり、それらの結びつきから情報伝達されたり、記憶されたりします。神経細胞は上図のように細胞体、1本の軸索、多数の樹状突起からなりますが、ニューロンはこれらを1つの単位として考えたときの呼び方です。

ニューラルネットワーク（多層パーセプトロン）

- パーセプトロンを何層にもつなげたもの（隠れ層）

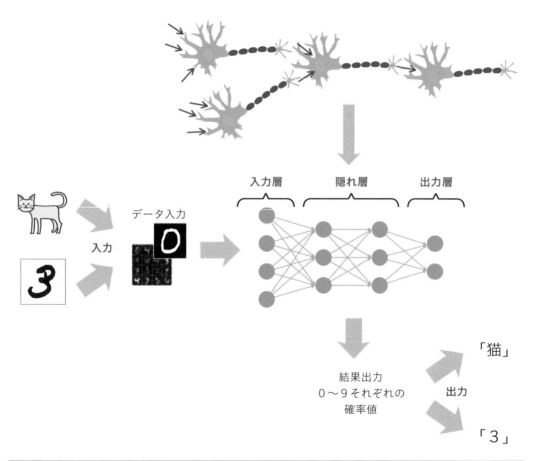

ディープラーニング

前Sectionで「ニューラルネットワーク」は、人間の脳の神経細胞を模した多層構造からなる
モデル（多層パーセプトロン）であることを学びました。
このニューラルネットワークの層を多くしたものを「ディープラーニング」といいます。
ここでは、ディープラーニングの仕組みについて解説します。

最新の AI で用いられている手法

　ニューラルネットワークの多層構造を格段に多くしたものを「ディープラーニング（Deep Learning）」といいます。3層以上と層の数が多く、深い層の構造を持つことから、「深層学習」とも呼ばれます。

　ディープラーニングは、多数の層を持つ複雑なモデルです。そのため、入力値に与えられる重みや出力を調整する活性化関数の数など、推定・設定すべきパラメーターの数が膨大になり、その学習は一般に困難なものになります。

　しかし、大量のデータから効率的に学習を行うための手法に関する地道な研究の積み重ねや、膨大な計算処理を可能とするハードウェアの性能の向上などの背景もあって、最近では、予測能力の高い複雑なディープラーニングのモデルが実用化されるようになっています。

> ⬤ **キーワード**　　活性化関数
>
> 活性化関数は、ニュートラルネットワークのニューロンにおいて、入力の何らかの合計から出力を行うかどうかを決定する役割を持つ関数です。活性化関数を使うと、複雑な計算を行うことができます。

| ディープラーニング（深層学習）のイメージ |

- ディープラーニングとは：
  ⇒ニューラルネットワークの層の数を多くしたもの
- 層が「深い」ことから「深層学習」とも呼ばれる
- 大型のモデルでは、隠れ層（中間層）が数十〜数百に達することもある

層の数

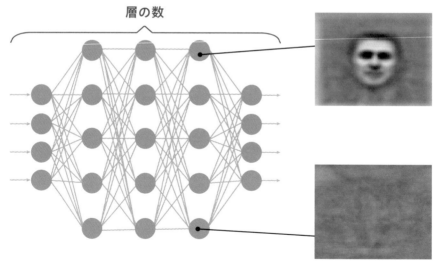

（論文「Building High-level Features Using Large Scale Unsupervised Learning」https://arxiv.org/pdf/1112.6209.pdf から一部引用・加工）

■ ディープラーニングの実用例

　2012年に開催された世界的な画像認識コンペティション「ILSVRC」において、データを分類、検出する能力（画像に映っているものがヨットか、花か、ネコかなどを当てる）を競い、カナダ・トロント大の「Super Vision」が圧倒的勝利をおさめました。「Super Vision」は、ディープラーニングの技術を基にしたもので、それまでのエラー率を大幅に減少させる結果でした。

　また、2016年3月15日、AI囲碁プログラム「AlphaGo」（グーグル傘下のディープマインド社が開発）が、世界トップレベルのプロ棋士に勝ち越し、その後、将棋などでも同様の事象が起こっています。

■ 特徴量を自動的に抽出して学習できる

　一般に統計モデルで分析を行う際に、データの特徴を表すための「特徴量」を、分析者が事前に設定する必要があります。例えば、音声認識を行うモデルを構築する場合、音声のどの情報（声の高さ、大きさ、継続時間など）に着目するかを、事前に設定する必要があります。

　しかし、ディープラーニングを取り入れたAI（人工知能）では、「特徴量」をデータから自動的に抽出して学習を行うことが可能となり、より効率的、効果的に複雑なモデルの構築ができることから、ディープラーニングを用いた画像認識、音声認識、自動翻訳などのアプリケーションが多く開発されるようになっています。

🌑 **キーワード**　<u>特徴量</u>

特徴量とは、分析に必要な情報を抽出したデータのことです。変数や属性とも呼ばれます。

機械学習とディープラーニング

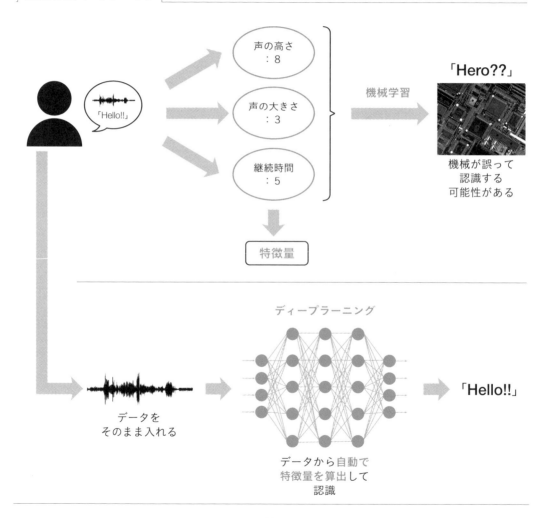

Section. 3 データの偏り・バイアス

教師あり学習の手法により、データから学習を行ってモデルを構築する際には、
正解のラベルの付いた学習データ・訓練データが必要となります。
データは人間が作成するため、誤ったデータにならないようにしなければなりません。
誤ったデータで学習を行うと、誤った判断を行うアルゴリズムが構成されてしまう可能性があります。

正解のラベルを付ける

正解のラベルの付いた学習データ・訓練データを作成するとき、正解のラベルを付ける作業のことを「アノテーション（annotation）」といいます。アノテーションは、現実正解において何が正解かに関する価値判断を含む処理であり、これは人間が行う必要があります。

アノテーションを行う際に、例えば猫の写真に犬のラベルを付けてしまったというように、誤ったラベルを付けてしまうことを「アノテーションバイアス」といいます。アノテーションバイアスによる誤ったラベルの付いたデータで学習を行うと、モデルにはそれが不正解であることは認識できず、誤った判断を行うアルゴリズムが構成されてしまう可能性があります。

> 🌙 キーワード　アノテーション
>
> アノテーション（annotation）とは注釈という意味で、AIの機械学習ではデータに情報を付加する工程のことをいいます。

ラベル付きデータ（訓練データ）：作成が大変

- １つずつラベルを付ける（作業が大変）

アノテーション

- データに正解のラベルを付ける作業

アノテーションバイアス

- 誤ったラベルを付けてしまうこと

データバイアス、アルゴリズムバイアス

このような状況も含め、扱うデータに何らかのバイアス（偏り）があることを、「データバイアス」といいます。また、データバイアスが原因で、学習結果のアルゴリズムにバイアスが生じてしまうことを「アルゴリズムバイアス」といいます。

例えば、年齢や性別の構成が偏っているデータから、人事・採用に関するアルゴリズムを構築する場合に、誤って、特定の年齢や性別の応募者のウエイトを下げてしまうといった事例が過去に報告されています。

データとバイアス

データバイアス

- 扱うデータにバイアス（偏り）があること
- それに起因して起こる（よくない）こと

アルゴリズムバイアス

- データにバイアス（偏り）があったがゆえに、機械学習の学習結果のアルゴリズムにもバイアスが生じてしまうこと

■ 誤ったデータからは、誤った結果しか出てこない

データ処理における格言に、「Garbage In, Garbage Out」というものがあります。これは、"どのように素晴らしいアルゴリズムやモデルを考案したとしても、誤ったデータからは、誤った結果しか出てこない"ということを表現したものです。このように、

正確な予測などを行うためには、可能な限りバイアス（偏り）や誤りの少ない、良いデータが必要となります。そのようなデータを得るためには、例えば複数の分析者によるデータの確認や、多様な情報源からのデータの比較・利用などが考えられます。

- "Garbage In, Garbage Out "（ゴミを入れたら、ゴミが出てくる）
- 誤ったデータからは、誤った結果しか出てこない

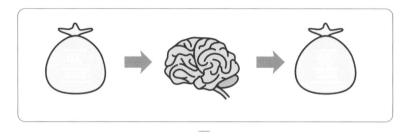

「良いデータ」・「正確なデータ」 が必要
（バイアス〈偏り〉や誤りの少ないデータ）

- 複数のメンバーによる確認
- 多様な情報源によるデータ収集　など

♪ キーワード　<u>Garbage In, Garbage Out</u>

コンピューターや情報科学において、欠陥のある、無意味な入力は無意味な出力を生み出すという概念で、略してGIGOと呼ばれます。

Section.4 散らばりと偏り

データから、それらが発生した母集団のパラメーターを推定する問題を考えてみましょう。
データの平均を推定するには、データがどのように広がっているか、散らばりの状態をつかむ
必要があります。さらに、データの偏りを見ることも重要になります。
ここでは、ダーツを例にして、散らばりと偏りについて解説します。

散らばり（分散）と偏り（バイアス）

　データから母集団のパラメーターを推定する場合、特に母集団における中心である平均を推定することは、的（まと）が見えない中で中心を狙っていくダーツのような行為に例えられます。例えば、右ページ上の図例では、右側の方が、散らばり（分散）がないので、一見、こちらの方が精度が高いように見えます。

　しかし、的の中心がわかってみると、左側の方が偏りなく的に当たっていることがわかります。それらの平均を求めた場合、左側の方が、平均値が的の中心に近くなることがわかります。

　このように、データから予測を行った結果のばらつき・散らばりが小さいかどうかを見るのではなく、後で正解がわかった際に、それと予測値の平均からのズレ（偏り＝バイアス）がどの程度あるかを見ることも重要になってきます。

　予測した結果に何らかの偏りがある場合には、それらを平均しても真の値（的の中心）に近づくとは限らないことから、予測の精度を検証する場合には、散らばりと偏りの両方を確認する必要があります。

> ♪ キーワード　**予測値／予測精度**
>
> 予測値は、回帰分析で変数の値を代入して求められる、推定される値のことです。予測精度は、予測値と実測値の差（近さ）であり、予測がどれだけ合っているのかを見るものです。

「散らばり（分散）」と「偏り（バイアス）」

「推定」とは、的（真の値）が見えないダーツのようなもの

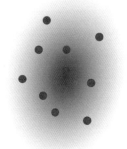

「散らばり」を比べてみると、
右の方が精度が良さそう…

「散らばり」が大きい　　　　　「散らばり」が小さい

しかし、的の中心（真の値）がわかると…

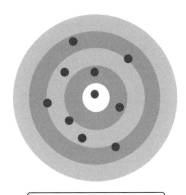 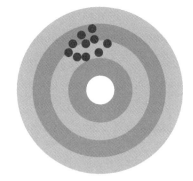

「偏り」が小さい　　　　　「偏り」が大きい

ディープラーニングとAI（人工知能）

　ディープラーニング（Deep Learning）を取り入れた AI（人工知能）では、膨大なパラメーターを持つ大規模かつ複雑なモデルによって、学習の際に影響の大きい「特徴量（feature）」をデータから自動的に抽出して学習を行うことが可能となりました。

　より効率的、効果的に複雑なモデルの構築ができることから、ディープラーニングを用いた画像認識、音声認識、自動翻訳、自動運転などのアプリケーションが多く開発されるようになっています。

AI（人工知能）とディープラーニング

- 正解がわかっている膨大なデータでディープラーニングのモデルを学習
- 学習の大きく影響する特徴量を自動的に学習

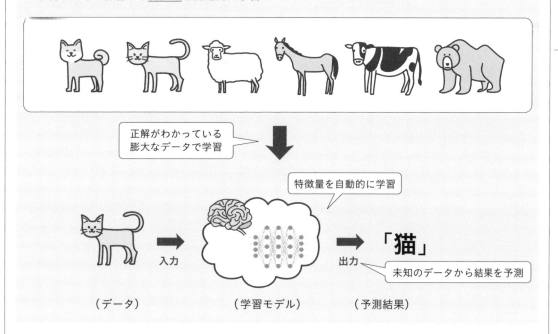

正解がわかっている
膨大なデータで学習

特徴量を自動的に学習

入力　　　　　　　　　　　　　　　　　　出力　　「猫」

未知のデータから結果を予測

（データ）　　　　　　（学習モデル）　　　　（予測結果）

人工知能（AI）の活用事例

- 音声認識
- 自動翻訳
- 画像認識
- 自動運転

など

　これに加えて、2022年末ごろから、インターネット上の膨大なデータを基に、学習を行ったモデルによって、特定のキーワードを入力すると、対応する画像や文章を出力する「生成AI（Generatiev AI）」がリリ

ースされ、一般に利用されるようになっています。こうした画像生成モデルや大規模言語モデルにも、ディープラーニングの技術が用いられています。

生成AI（Generative AI）

- <u>インターネット上にある膨大なデータ</u>で学習
- 人間が入力したキーワードを基に、学習したAIが<u>オリジナル</u>な<u>画像や文章を生成</u>

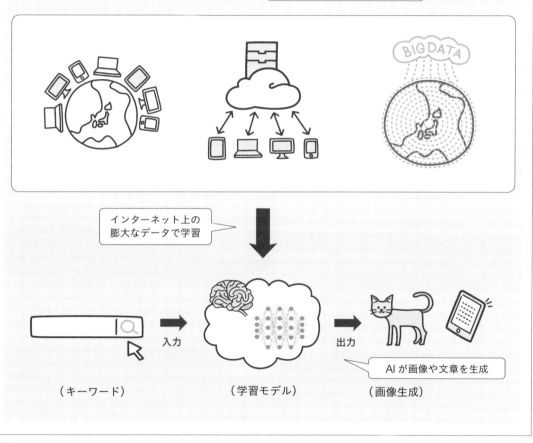

インターネット上の
膨大なデータで学習

（キーワード）　　　　　　　　（学習モデル）　　　　　　　（画像生成）

入力　　　出力

AIが画像や文章を生成

おわりに ──今後のより進んだ学習のために

この本では、統計学から、機械学習やデータサイエンスなど、やや広い範囲も含めた内容に関する、基本的な用語や考え方、手法について説明してきました。その際、できる限り数式を使わずに、イラストや図による直観的な説明を心掛けました。そのため、概念の厳密な定義や説明、モデルの記述や式の導出、データそのものの加工方法などについてはかなり省略し、限られた結果のみを述べたり、説明が不十分であったりする箇所が残ることとなっています。また、統計学・データサイエンスが用いられている固有の分野や各種の応用事例についても、簡単に事例にとどまり、多くを紹介することはしていません。

そこで、本書によって、統計学やデータサイエンスの幅広い分野に興味を持ち、その応用に関心がある読者のために、今後のより進んだ学習のための参考文献等について紹介します。

統計学（記述統計、推測統計）の基礎

記述統計、推測統計など、統計学の基礎を広く扱ったものに関しては次の書籍が基本的です。

●東京大学教養学部統計学教室 編『統計学入門』東京大学出版会，1991．

また、実際の検定試験の出題範囲をベースに、豊富な練習問題とともにレベルに合わせた基礎的な内容を扱っているものとして、統計検定のテキストはわかりやすいでしょう。

●日本統計学会 編『統計検定2級対応　統計学基礎　改訂版』東京図書，2015．
●日本統計学会 編『統計検定3級対応　データの分析　改訂版』東京図書，2020．
●日本統計学会 編『統計検定4級対応　資料の活用』東京図書，2012．

データサイエンスや機械学習全般に関する学習

データサイエンスや機械学習の範囲を広く扱ったものとして、次のテキストが挙げられます。

●北川源四郎，竹村彰通 編『教養としてのデータサイエンス』講談社，2021．
●竹村彰通，姫野哲人，高田聖治 編『データサイエンス入門』学術図書出版社，2019．
●山口達輝，松田洋之 著『機械学習＆ディープラーニングの仕組みと技術がこれ一冊でしっかりとわかる教科書』技術評論社，2019．

様々なデータに関する学習

　数多くあるデータの中で、本書でも紹介した、国の行政機関が作成・公表している公的統計について扱った書籍として、次が参考になります。

- 日本統計学会 編『統計検定統計調査士対応　経済統計の実際』東京図書，2022.

PC、ソフトウェアによるデータの解析

　データ解析については、実際のデータを基に手を動かして学ぶことが重要です。統計解析に用いられるソフトウェアには様々なものがありますが、代表的なものとして、エクセルとRが使えれば、かなり多くの手法を活用することができます。このようなソフトウェアとデータを用いた学習が可能な書籍として、次が挙げられます。

- 日本統計学会 編『データアナリティクス基礎』日本王立協会マネジメントセンター，2023.
- 間田和人，岡本基，岩澤政宗，金燕春，水村陽一，吉田崇紘 著『エクセルとRではじめる
　やさしい経済データ分析入門』オーム社，2020

テキストデータ、画像データ、音声データの解析

　データの種類ごとに固有の特色に合わせた様々な分析方法を学ぶために、次の書籍が参考になります。

- 西川仁，佐藤智和，市川治 著『テキスト・画像・音声データ分析』講談社，2020.

　また、執筆に当たっては、以下の文献も参考にしました。

- 日本ディープラーニング協会 監修『ディープラーニングG検定公式テキスト』翔泳社，2018.
- 城塚音也 著『ビジュアルAI（人工知能）』日本経済新聞出版社，2019.
- 阿部真人 著『データ分析に必須の知識・考え方　統計学入門』ソシム，2021.
- 江崎貴裕 著『分析者のためのデータ解釈学入門』ソシム，2020.
- 涌井良幸，涌井貞美 著『統計学の図鑑』技術評論社，2015.
- 山下智志，三浦翔 著『信用リスクモデルの予測精度』朝倉書店，2011

　このほかにも、多くの特色ある書籍があります。興味・関心のある分野やデータ、手法に合わせたものを、適宜お読みいただければと思います。

用語索引

著者紹介

高部 勲 (Isao TAKABE, Ph.D.)

【略歴】

- 平成14年4月に総務省入省、総務省(統計局、大臣官房、統計研究研修所等)、内閣府(統計委員会担当室、経済社会総合研究所)、独立行政法人統計センター等を経て、令和3年4月に立正大学データサイエンス学部教授に就任。
- 平成31年3月に博士(統計科学)取得(総合研究大学院大学)、統計検定(1〜4級、準1級、専門統計調査士、国際資格等)、専門社会調査士、ディープラーニングG検定などデータサイエンス関連の資格多数取得。
- ISO/TC69国内本委員会委員、和歌山県データ利活用アドバイザリーボード委員、日本統計学会代議員(2015年度〜2020年度)、孤独・孤立の実態把握に関する研究会(内閣官房)委員等を歴任。
- 研究テーマ:公的統計ミクロデータの高度な利活用方法など。

【主要研究業績等】

[1] Isao. Takabe and Satoshi. Yamashita (2020). New Statistical Matching Methods Using Multinomial Logistic Regression Model, Advanced Studies in Classification and Data Science., (eds. Tadashi Imaizumi, Akinori Okada, Sadaaki Miyamoto, Fumitake Sakaori, Yoshiro Yamamoto and Maurizio Vichi), Chapter 21, 265-274, Springer, Singapore. (ISBN:978-981-15-3310-5)

[2] 高部勲, 山下智志(2019). B-スプライン及びAdaptive Group LASSOに基づく正則化非線形ロジットモデルによるデフォルト確率の推定, 統計数理, 65, 295-317, 統計数理研究所

[3] 高部勲, 山下智志(2019). 多項ロジットモデル及び主成分分析を用いた新たな統計的マッチング手法の提案, 統計学, 115, 1-18, 経済統計学会

[4] 高部勲(2018). 消費動向指数(CTI):マクロ消費動向の推定について, 統計研究彙報, 75, 21-40, 総務省統計研究研修所

[5] 舟岡史雄, 會田雅人, 勝浦正樹, 稲葉由之, 高部勲(2022). 日本統計学会公式認定 統計検定 統計調査士対応:経済統計の実際, 第3章:統計調査の基本的知識, 28-67, 東京図書(ISBN:978-4-4890-2382-8)

【所属学会】

日本統計学会、経済統計学会、社会調査協会、日本分類学会、日本金融・証券計量・工学学会(JAFEE)、人工知能学会

制作スタッフ

装丁・本文デザイン　佐々木拓人 (Con-Create Design Inc.)
イラスト　　　　　　増田たいじ
DTP　　　　　　　　加藤万琴
編集　　　　　　　　有限会社AYURA

編集長　　　　　　　後藤憲司
担当編集　　　　　　塩見治雄

ビジュアルでわかる 統計学のキホン

2023年10月1日　初版第1刷発行

[著者]　　　　高部 勲
[発行人]　　　山口康夫
[発行]　　　　株式会社エムディエヌコーポレーション
　　　　　　　　〒101-0051　東京都千代田区神田神保町一丁目105番地
　　　　　　　　https://books.MdN.co.jp/

[発売]　　　　株式会社インプレス
　　　　　　　　〒101-0051　東京都千代田区神田神保町一丁目105番地

[印刷・製本]　中央精版印刷株式会社

Printed in Japan
©2023 Isao Takabe. All rights reserved.

【カスタマーセンター】
造本には万全を期しておりますが、万一、落丁・乱丁などがございましたら、送料小社
負担にてお取り替えいたします。お手数ですが、カスタマーセンターまでご返送ください。

落丁・乱丁本などのご返送先
〒101-0051　東京都千代田区神田神保町一丁目105番地
株式会社エムディエヌコーポレーション カスタマーセンター
TEL：03-4334-2915

内容に関するお問い合わせ先
info@MdN.co.jp

書店・販売店のご注文受付
株式会社インプレス　受注センター
TEL：048-449-8040 ／ FAX：048-449-8041

ISBN978-4-295-20597-5　　C2041